河北省"十四五"职业教育规划教材
高等职业院校基于工作过程项目式系列教程

人工智能基础

（第 2 版）

河北对外经贸职业学院
天津滨海迅腾科技集团有限公司　编著
史伟　主编

U0218308

天津大学出版社
TIANJIN UNIVERSITY PRESS

图书在版编目（ＣＩＰ）数据

人工智能基础（第2版）/ 河北对外经贸职业学院, 天津滨海迅腾科技集团有限公司编著；史伟主编. -- 天津：天津大学出版社, 2023.8（2025.1重印）

高等职业院校基于工作过程项目式系列教程

ISBN 978-7-5618-7569-8

Ⅰ.①人… Ⅱ.①河… ②天… ③史… Ⅲ.①人工智能－高等职业教育－教材 Ⅳ.①TP18

中国国家版本馆CIP数据核字(2023)第149649号

RENGONG ZHINENG JICHU

主　编：史　伟
副主编：孙卫娟　郑付联　朱旭英　陈富汉　李选华　商延辉

出版发行	天津大学出版社
地　址	天津市卫津路92号天津大学内（邮编：300072）
电　话	发行部：022-27403647
网　址	www.tjupress.com.cn
印　刷	廊坊市海涛印刷有限公司
经　销	全国各地新华书店
开　本	787mm×1092mm　1/16
印　张	15
字　数	375千
版　次	2023年8月第1版　2025年1月第2版
印　次	2025年1月第2次
定　价	49.00元

前　言

　　本书紧紧围绕"以市场需求为导向,以职业能力为核心"的理念编写,融入符合新时代特色社会主义的新政策、新需求、新信息、新方法,以课程思政和实践教学主线贯穿全书,突出职业特点,落地岗位工作流程。

　　本书采用以项目驱动为主体的编写模式,通过项目驱动,实现知识传授与技能培养并重,体现了"做中学""学中做"的理念;通过分析对应知识、技能与素质要求,确立每个模块的知识与技能组成,并对内容进行甄选与整合。每个模块都设有学习目标、学习路径、任务描述、任务实施、任务总结、英语角和任务习题。本书结构清晰、内容详细,任务实施是其精髓部分,它有效地考察了学习者对知识和技能的掌握程度,拓展了学习者的应用能力。

　　本书由河北对外经贸职业学院的史伟担任主编,由山东胜利职业学院孙卫娟、枣庄职业学院郑付联、陕西工商职业学院朱旭英、安庆职业技术学院陈富汉、绵阳飞行职业学院李选华、山东铝业职业学院商延辉担任副主编。其中,项目一和项目三由史伟负责编写,项目二由孙卫娟负责编写,项目四由郑付联负责编写,项目五由朱旭英负责编写,项目六由陈富汉负责编写,项目七由李选华负责编写,项目八由商延辉负责编写。史伟负责思政元素搜集和整书编排。

　　本书主要介绍了人工智能的相关概念、人工智能技术的发展历程和应用成效,展望了人工智能的发展方向与未来。它以"人工智能基础"→"人工智能机器学习"→"人工智能计算机视觉"→"自然语言处理技术"→"人工智能与信息技术结合应用"→"人工智能机器终端应用"→"人工智能与各行业融合"→"人工智能哲学与思考"为线索,采用循序渐进的方式从人工智能的基础概念、机器学习、计算机视觉以及其在各行业的相关应用等方面进行讲解。本书编写由浅入深,使学习者均能有所收获;同时,也保持了一定的知识深度。

　　本书内容简明,任务实施操作讲解细致、步骤清晰,操作及理论讲解过程均附有相应的效果图,便于读者阅读学习。

　　由于编者水平有限,书中难免出现错误与不足,恳请批评指正,并提出改进建议。

编者

2022 年 11 月

目　　录

项目一 人工智能基础

- 了解人工智能的起源
- 熟悉人工智能相关概念
- 掌握人工智能的关键技术和发展瓶颈
- 培养使用人工智能产品的能力

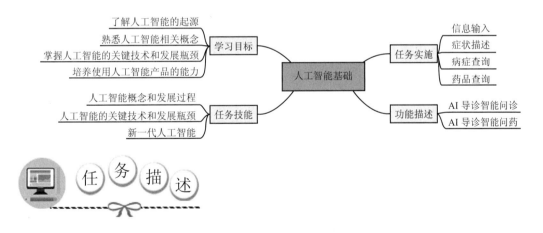

【情境导入】

　　人工智能在 21 世纪已经不是一个陌生的词汇了,它正不断地提高人们的生活水平。例如智能导诊,它能够使人足不出户便可咨询身体不适的原因、查看药物信息、实现指定医院挂号,极大地方便了人们日常生活。随着新一代信息技术的普及,人工智能也会不断发展。

📝【功能描述】

● AI 导诊智能问诊
● AI 导诊智能问药

> 课程思政:匠心精神,不断突破
>
> 　　华智冰是中国第一个基于"悟道 2.0"模型的虚拟学生,其虚拟形象如图 1-1 所示。2021 年 6 月 15 日,清华大学计算机系举行"华智冰"成果发布会,正式宣布"华智冰"入学清华大学计算机系。与一般的虚拟数字人不同,华智冰拥有持续的学习能力,能够逐渐"长大",不断"学习"数据中隐含的模式,"悟道 2.0"模型的参数规模达到 1.75 万亿,是 GPT-3 的 10 倍,打破了之前由 Google Switch Transformer 预训练模型创造的 1.6 万亿参数记录,是目前中国首个万亿级模型,也是全球最大的万亿级模型。

图 1-1　虚拟学生华智冰

技能点 1　人工智能概念和发展过程

1. 人工智能基础概念

人工智能(Artificial Intelligence,AI),是通过研究人类智能的实质,并在此基础上开发出来的一种模拟人类智能的机器。人工智能概念图如图 1-2 所示。

人工智能涉及的领域很多,包括智能机器人、语言识别、图像识别、自然语言处理和专家系统等。自从人工智能这一理念出现开始,很多行业都开始与人工智能进行融合。可以预见的是,未来人工智能带来的科技产品,将会使人类生活质量进一步提升。

人工智能专业所涉及的学科十分广泛,包括计算机学、心理学、哲学等。

新一代信息技术的普及和发展,在一定程度上推动了人工智能的进步。同时,人工智能也推动了互联网形态的变化。在信息爆炸的今天,人工智能能够更加快速、

人工智能基础
理论讲解

精准地加工、筛选信息,更好地为人们提供服务。具体来说,人工智能具备以下几个特点:

①从传统人工智能的知识表达转变到大数据驱动的知识学习;

②从分类型处理的多媒体数据转向跨环境领域的学习、推理、认知;

③将个体智能转变到基于互联网和大数据的群体智能;

④从拟人化的智能机器人转变为智能自主系统。

图 1-2　人工智能概念图

2. 人工智能的诞生

在 20 世纪四五十年代,来自数学、心理学、经济学、工程学和政治学等不同领域的科学家开始探讨制造电子大脑的可能。从控制论到图灵计算理论,种种研究为构建电子大脑提供了可能性。

(1)控制论和信息论的发展

控制论和信息论构成了人工智能的理论基础,在 20 世纪 30 年代末到 50 年代初,控制论描述了电子网络的控制和稳定性,信息论描述了数字信号,这两者的研究都暗示了构建电子大脑的可能。

控制论为人工智能带来了模拟和反馈两种方法,这两种方法都是人工智能所必需的。

人工智能的初步研究就是通过模拟研究如何使计算机从事那些只能由人类从事的智能性工作,其中心目标就是使计算机更加智能。现代计算机硬件和软件能够把获取的信息例如语言、算法等进行结合,并进行高效复杂的信息处理,这就为模拟创造了可能。

反馈是指把系统输送出去的信息作用于被控制对象后产生的结果再返回来,并对信息输出产生影响的过程。对人工智能来说,反馈是十分必要的,因此要借助计算机强大的计算能力,不断地进行模拟和反馈以得到令人满意的结果。

控制论和信息论方法为人工智能研究提供了最基本、最主要的研究手段。虽然人工智能研究进展缓慢,但是它仍具有一些实际的意义。

(2)图灵测试

1950 年,图灵发表了一篇具有划时代意义的论文,文中预言了创造具有真正智能机器的可能性,并提出了图灵测试,这也为人工智能这门学科的开创和发展奠定了良好的基础。图灵测试的目的在于测试机器是否具有"智慧",具体测试的内容是一个人在不接触对方的情况下,通过提问的方式让对方进行应答的一系列活动,在一段时间内判断对方是真正的人类还是机器,如果有超过 30% 的提问者无法根据这些回答判断对方是真正的人类还是机器,那么就可以认为被测试的机器拥有"智慧",是可以思维的。图灵测试如图 1-3 所示。

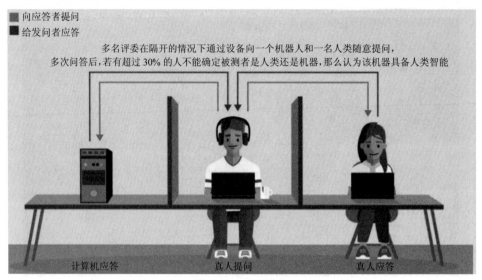

图 1-3　图灵测试

图灵测试开启了人们对于人工智能的讨论,直至今天图灵测试也是判断一部机器是否具有人工智能的重要方法。

（3）脑科学的突破

由于计算机系统的局限性,最基本的数字计算机并不能完美地解决所有信息的处理问题,因此人们开始寻找新的信息处理机制,神经网络计算就是其中之一。而神经网络计算则需要脑科学的支撑,所以脑科学的不断发展对人工智能的发展起到了重要的作用。生物神经元如图 1-4 所示。

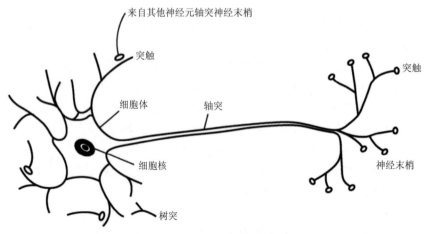

图 1-4　生物神经元

神经元拥有兴奋、抑制、学习和遗忘功能。

兴奋和抑制：传入神经元冲动，超过界值就会产生兴奋，再由神经末梢传出；传入神经元冲动，但没有超过界值，为抑制状态，不产生神经兴奋。

学习和遗忘：神经元拥有可塑性，经过突触的传递作用可以增强或者削弱，因此具有学习和遗忘功能。

为了实现真正的人工智能，人工智能网络研究了生物的神经元结构，仿造了神经元网络。

由于生物神经元构造十分复杂，为了方便研究和使用将生物神经元进行抽离和简化，创造了人工神经元，并由人工神经元构造出了人工神经网络。这让人工智能有了新的突破。

脑科学与人工智能具有相互补充又相互促进的关系。运用人工智能的强大计算能力，可更好地理解生物大脑的构造，并由此建立新一代的理论框架和技术体系，引领人工智能技术达到新的高度。

在控制论、信息论、图灵测试和脑科学的不断发展下，人工智能渐渐走进人们的视线中。以麦卡赛为首的一批科学家在 1956 年夏季召开的一次会议上共同研究和探讨用机器模拟智能的一系列有关问题，并首次提出了"人工智能"这一术语，标志着"人工智能"这门学科的诞生。

3. 人工智能的发展阶段

事物的发展都是曲折的，人工智能的发展也是如此。人工智能的发展历程大致可以划分为以下六个阶段，如图 1-5 所示。

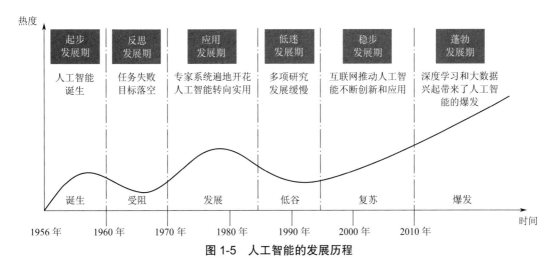

图 1-5　人工智能的发展历程

第一阶段：起步发展期（20 世纪 50 年代至 60 年代初）

人工智能这一概念在 1956 年被提出，标志着人工智能的诞生。依据当时的理论知识人们研发出很多令人欣喜的成果，例如机器定理证明、智能跳棋程序等，这些成果掀起了人工智能发展的第一个高潮。

第二阶段：反思发展期（20 世纪 60 年代至 70 年代中期）

人工智能在发展初期取得的突破性进展，大大提升了人们对人工智能的期望，于是人们开始尝试更具挑战性的任务，但接二连三的失败和预期目标的落空，使人工智能的发展进入低潮。

第三阶段：应用发展期（20 世纪 70 年代中期至 80 年代中期）

人工智能从低谷慢慢恢复,这期间出现的专家系统模拟人类专家的知识和经验解决特定领域的问题,给予研究人员信心,也使得人工智能走向实际应用,并在医疗、化学、地质分析等方面取得成功。例如化学质谱分析系统、疾病诊断和治疗系统、探矿系统、语音理解系统,这些专家系统推动人工智能进入应用发展期。

第四阶段：低迷发展期（20 世纪 80 年代中期至 90 年代中期）

由于专家系统的应用范围不断扩大,许多问题也凸显出来,例如知识难以获取、推理方法单一、缺乏分布式功能、难以与数据库等技术结合等。

第五阶段：稳步发展期（20 世纪 90 年代至 2010 年）

由于网络技术的发展,人工智能开始由单个智能主体研究转向基于网络环境的分布式人工智能研究,不仅研究基于同一目标的分布式问题求解,而且研究多个智能主体的多目标问题求解。其标志性事件是深蓝超级计算机运用人工智能战胜了国际象棋冠军卡斯帕罗夫。

第六阶段：蓬勃发展期（2010 年至今）

随着云计算、大数据、物联网、互联网等信息技术的发展,图形处理器等计算平台推动以深度神经网络为代表的人工智能技术飞速发展,跨越了理论与现实的界限,实现了最初人们的构想,例如图像分类、语音识别、人机对弈、无人驾驶等。这些技术从理论诞生时的构想,渐渐成为可以使用的技术,人工智能也随着这些技术的突破,迎来了爆发式增长新高潮。

4. 人工智能的学术流派

从 1956 年正式提出人工智能这一术语算起,人工智能的研究发展已有 60 多年的历史。这期间,不同学科或学科背景的学者对人工智能做出了各自的解释,提出了不同的观点,由此产生了不同的学术流派。对人工智能研究影响较大的主要有符号主义、连接主义和行为主义三大学派。

（1）符号主义

符号主义是一种基于逻辑推理的智能模拟方法,其原理主要为符号操作系统假设和有限合理性原理。自 19 世纪以来数学逻辑迅速发展,人工智能这一概念被提出之后,在 20 世纪 30 年代它被用于描述智能行为。早期的人工智能研究人员大部分都是符号主义学派的。该学派认为人本身的认知和思维单位就是符号,而在此基础上的认知过程就是在符号表示上的一种运算。符号主义学派认为人工智能本质就是使用计算机模拟人的认知过程,也就是将某种符号输入能够处理这种符号的计算机中,经过计算机的处理之后就能模拟人的认知过程。简单来说就是"计算即认知"。符号主义的代表成果是"专家系统",该成果代表人工智能研究取得了突破性的进展。专家系统是一个具有大量专业知识与经验的程序系统。它运用人工智能技术,根据相应领域的专家所提供的知识和经验,来进行推理和判断,模拟人类专家的决策过程,如图 1-6 所示。

虽然符号主义给人工智能带来了一种思想和解决方案,但它在常识获取和知识处理能力上遇到的理论困境和在机器语言的翻译问题上的实践困难使其受到了人们的质疑。

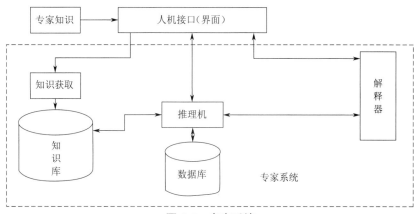

图 1-6 专家系统

（2）连接主义

连接主义是一种基于神经网络及网络间的连接机制与学习算法的智能模拟方法,也被称为仿生学派或者生理学派。该学派认为人工智能源于仿生学,特别是对人脑模型的研究。

连接主义就是将人的智能归结于人脑的高层活动结果,并且认为智能活动是由大量简单的单元通过复杂的连接之后运行的结果。其代表成果就是模拟人脑神经网络,它使用并行处理器模拟大脑神经元和神经元之间的突触行为,以实现模拟人脑思维的功能。这种人工创造的神经网络系统被称为人工神经网络。如图 1-7 所示,输入层负责接收来自外界的输入信息,将信息传递至隐层神经元;隐层用于神经网络中内部的信息处理、信息交换;输出层用于最终结果的展示,每个输出单元会对应一种特定的分类,为网络送给外部系统的结果。

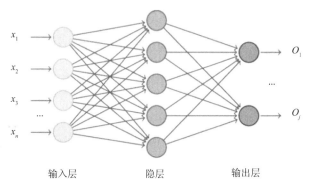

图 1-7 人工神经网络

（3）行为主义

行为主义是一种基于"感知—行动"的行为智能模拟方法。行为主义认为学习是刺激与反应之间的联结,因此又被称为进化主义或控制论学派。行为主义学派的基本假设是:学习者对环境刺激所做出的反应是行为,对应学习的过程是尝试错误的过程,强化是学习成功的关键。

行为主义的思想提出后引起了人们的广泛关注,行为主义学派的兴起,表明了控制论、系统工程的思想将进一步影响人工智能的发展。

随着人工智能研究的不断深入,这三大学派融会贯通,可共同为人工智能的实际应用发挥作用,也可为人工智能的理论提供最终答案。

技能点 2　人工智能的关键技术和发展瓶颈

1. 人工智能的关键技术

人工智能涉及的学科繁多，对应一些不同领域的常见关键技术如下。

（1）机器学习

机器学习是一门人工智能的学科，其特点是在经验学习中改善具体算法的性能，通过经验自动改进计算机算法的研究，能够运用数据或以往的经验优化计算机程序的性能标准。

机器学习基于数据和经验，针对具体问题构建数据模型，实现对已有数据的准确解析或对未来数据的准确分类、识别和预测。人工智能（AI）、机器学习（ML）、深度学习（DL）三者之间的关系如图 1-8 所示。

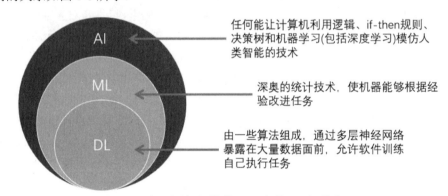

图 1-8　人工智能、机器学习、深度学习之间的关系

机器学习涉及的案例很多，例如通过模型检测垃圾邮件、信用卡诈骗、产品推荐等。

（2）知识图谱

知识图谱也被称作科学知识图谱，它使用语义检索的方式从多种来源收集信息构建知识库，以此来提高搜索质量，并以结构化的形式描述客观世界中的概念、实体之间的关系。

知识图谱本质上是一种语义网络，其中的节点代表实体或者概念，边代表实体 / 概念之间的各种语义关系，如图 1-9 所示。

图 1-9　知识图谱

知识图谱可以把复杂的知识领域通过数据挖掘、信息处理、知识计量、图形绘制显示出来,揭示知识领域的动态发展规律,为科学研究提供切实的参考。目前最实用的是知识图谱与搜索引擎相互结合,它能提升搜索效果,例如在搜索引擎中搜索"天津有多少人",如图1-10所示。利用知识图谱技术可直接给用户结果,而不是传统的网页链接。

图 1-10　知识图谱与搜索引擎结合

（3）自然语言处理

自然语言处理（NLP）是机器语言和人类语言之间的桥梁,用计算机来处理、理解以及运用人类语言（如中文、英文等）,以达到人机交流的目的。自然语言是人类区别于其他动物的根本标志,人工智能要模拟人类的智能,语言交流就是一个不能跳过的问题,所以能够高精度处理自然语言的智能机器才真正体现了人工智能的最高能力与境界,只有真正具备自然语言处理能力,才算是真正实现了人工智能。

自然语言处理的兴起与机器翻译有着不可分割的联系,机器能够理解、处理自然语言,是计算机技术的一项重大突破。比如,机器能够将一种自然语言翻译为另一种自然语言,自动将英文"I love China"翻译为"我爱中国",或者反过来,将"我爱中国"翻译为"I love China",如图1-11所示。

（4）计算机视觉

计算机视觉是涉及图像处理、图像分析、模式识别等多种技术的交叉学科,是人工智能的重点知识之一。

计算机视觉用各种成像系统代替视觉器官作为输入敏感手段,由计算机来代替大脑完成处理和解释。图1-12所示为计算机正在进行图像识别。

NLP就是人类和机器之间沟通的桥梁

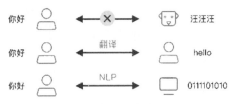

图 1-11　自然语言处理

图 1-12　计算机进行图像识别

（5）人机交互

人机交互是指人与计算机之间使用某种语言，以一定的交互方式完成确定任务的人与计算机之间的信息交流的过程。它主要包括人到计算机和计算机到人的信息交换两部分。除了基本交互和图形交互外，还包括语音交互、情感交互、体感交互、脑机交互等技术。

人机交互的应用潜力巨大，如穿戴式计算机、动作识别技术、远程遥控机器人、远程医疗等触觉交互技术正被广泛应用。动作识别技术如图 1-13 所示。

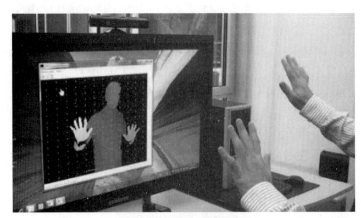

图 1-13　动作识别技术

2. 人工智能的发展瓶颈

人工智能的瓶颈问题主要包括以下几个方面。

①语义理解。如今使用的语音服务都是比较简单的问答查询,对于复杂的问题,如那些需要根据上下文分析才能理解的内容,计算机很难真正理解它们,经常出现歧义对话。

②能源消耗。现有计算机的人工智能能源消耗较大。

③数据瓶颈。人工智能需要大量的数据支持某方面的学习。

④泛化限制。这是模式识别、计算机视觉、人工智能方法等面临的一个共同的问题,现有的方法在一些实际问题中仍无法取得理想的泛化性能,如已训练好的模型用在变化的环境或者领域时,泛化性能明显下降。

⑤对人脑的认知。虽然目前的脑科学发展迅速,但还远远达不到被人类完全掌握的地步,类脑智能研发的核心难点是人类对于人脑的结构和功能原理的理解,由于人脑结构十分复杂,不仅有上百亿个神经元,而且每一个神经元又由无数个分支组成,所以仅是模拟人脑就已十分困难。

⑥可靠性较差。现有人工智能系统在某些方面还需要依靠人类的帮助,有些错误的识别结果可能会带来致命的后果,如自动驾驶功能不能正确识别反光条件下的卡车将导致车祸等。

⑦常识性问题。一些人类本能以及生活习惯都是通过大量的重复形成的记忆,这种自然行为很难用公式或者算法进行模拟。

⑧层次差距大。哲学、认知科学、思维科学和心理学等学科所研究的智能层次较高并且很抽象。人工智能逻辑符号、神经网络和行为主义所研究的智能层次相较于很多学科处于低层次阶段。二者之间相距太远,无法将智能内容有机地结合起来并相互渗透。

⑨关注局限性。目前的学术流派都有各自的局限,符号主义只关注人脑的抽象思维特性;连接主义只模仿人的形象思维特性;行为主义则关注人类智能行为特性和进化过程。三者都不能全面地多层次地研究人工智能。

⑩理论与实践脱离。脑科学的不断发展,使得人工智能已经有了很大的进步。从宏观上来说,人脑的实际工作原理和状态已经大致被人们所了解,但还无法进行完全的模拟实践。在微观上,人们对大脑的工作机制还处于探索阶段,研究成果难有规律性。因此在这种背景下提出的各种人工智能理论,也只是在进行尝试和猜想。

技能点 3　新一代人工智能

人工智能的近期研究目标是制造智能计算机,目的是代替人类从事各种复杂的脑力劳动。除此之外,人工智能还有远期研究目标,即探究人类智能和机器智能的基本原理,研究用自动机来模拟人类的思维过程和智能行为。随着移动互联网、大数据、云计算等新一代信息技术的不断加速发展,人与人、人与机器、机器与机器的交流更加频繁,这一目标设想开始变为现实,同时人工智能发展的信息环境和数据基础也发生着重大变化。深度学习成果显著、数据急剧增长、硬件运算能力提升、资本与技术结合都驱使新一代人工智能不断发展。

1. 驱动因素

环境的不断变化和数据数量的迅速增加,使得人工智能向新一代信息技术转变。驱使转变的因素一共有四个。

(1)深度学习成果显著

深度学习的概念一经提出就受到了广泛的关注,它极大地发展了人工智能网络算法,提高了机器学习的能力。在应用深度学习的初期,猫这一动物形象就被计算机成功认出,这无疑是对人工智能行业的一种鼓舞。随着人工智能的不断发展,算法模型的重要性进一步凸显,各大公司企业都在进行算法模型的优化和更新。目前深度学习等算法已经广泛应用于人工智能项目,例如自然语言处理、语音处理、计算机视觉等领域,推动了人工智能的发展。

(2)数据急剧增长

随着网络的发展,各类信息的统计与采集越来越便捷,所处理的信息和积累的数据量越来越多,全球大数据储量呈爆炸式增长。根据国际数据公司的监测数据显示,2014 年和2015 年全球大数据储量分别为 6.6 ZB 和 8.6 ZB。2019 年全球大数据储量达到 41 ZB。2022 年全球大数据储量达到 61.2 ZB。中国的数据产量约占全球数据产量的 23%。这些海量的数据可以为人工智能算法模型提供源源不断的素材,也可以为使用深度学习方法训练人工智能的开发人员提供良好的土壤,同时为人工智能产品带来更多机会。

(3)硬件运算能力提升

人工智能领域收集了海量的数据,传统的数据处理方式难以满足如此高强度的处理需求,而人工智能芯片的出现加速了学习训练的速度,极大地促进了人工智能行业的发展,它在处理视频、图像等数据时,不仅效率更高而且功耗更低。人工智能芯片如图 1-14 所示。

图 1-14　人工智能芯片

(4)资本与技术结合

在技术突破和应用需求的双重驱使下,人工智能已经不单单是一个理念和简单的软件,它开始朝着各个行业渗透发展,提高相应产业的效率。在这个过程中资本的加入,使得产业发展更加迅速,同时也激励着人工智能技术的发展。

2. 未来发展方向

在海量数据、强大的运算能力、更加优秀的模型算法以及多元应用的加持下,人工智能正在从计算机模拟人类智能演变到协助引导提升人类智能,通过推动机器、人机互通,更加紧密地融入人类生活中,已经从辅助性设备进化为助手和伙伴。大数据技术,文本、图像、多媒体等信息实现交互,基于混合智能、辅助设备、机器视觉的发展三个方面均预示了人工智能的发展方向。

（1）大数据技术成为基石

随着技术的不断发展,数据的重要性不言而喻,经过处理的有价值的数据更是人工智能发展的核心,没有大量数据的积累,人工智能在现阶段就很难有长足的发展。新一代人工智能以大数据为基础,不断优化学习,提高自身自主性。

（2）基于文本、图像、多媒体等信息实现交互

计算机图像识别、自然语言处理等技术的不断发展,使得计算机在识别方面的准确度和效率都有着明显进步。智能搜索、个性化推荐的出现,实现了各自领域的突破,实现了跨媒体交互。未来它将逐渐向人类智能靠近。

（3）基于混合智能方向的发展

在感知、推理、归纳学习等方面人类智能要远强于机器智能,但是在计算、存储、优化等方面,机器智能具有更大的优势,因此对人类智能取长补短是人工智能现在的发展方向。两者相互作用、互相促进,能够提高人类完成复杂任务的效率。

脑机接口是在人脑、动物脑或脑细胞的培养物与外部设备间创建直接连接通路的技术,该技术是实现生物与机械智能融合的重要途径,其在医疗康复等领域具有极高的应用价值。2021年,研究人员在临床试验中,为两名瘫痪的患者配置了无线脑机接口系统,首次实现了大脑信号与计算机之间的无线高带宽传输,如图1-15所示。该系统采用侵入式脑机接口,将两个由96个电极组成的电极阵列植入患者的大脑皮层,用于捕捉全频谱信号。信号发射器采用重量约43 g的无线发射器,可以固定在使用者头部。使用该脑机接口用户无须被线路连接束缚在解码系统上,并且患者可以做到很高的点击精度和较快的打字速度（约13.4个字/分钟）。

图 1-15　无线脑机接口系统

研究人员发明了一种可以直接在体外进行无线充电的软脑植入物,该植入物首先在动物实验体上应用成功,如图 1-16 所示。该技术可以在体外无线充电,不需要定期进行破坏性手术来更换植入物的电池,从而可以实现长期的神经回路操控。

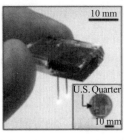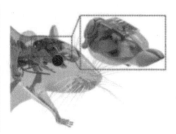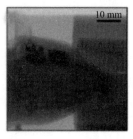

图 1-16　体外无线充电的软脑植入物

这些新技术突破了当前大脑植入物的局限,为植入式脑机接口的发展打下了重要基础。

（4）人工智能在辅助设备方面的发展

全球有上千万的肢体残疾者。随着科技的发展,义肢技术虽然在一定程度上改善了上肢缺失者的生活品质,但仍存在许多不足,如动作延迟高、需依靠不便携带的辅助设备等。近年来,基于深度学习的神经解码器已成为推动使用直觉控制的灵巧神经义肢的主要工具,这种基于深度学习的人工智能系统可以帮助使用者利用新型义肢系统进行全方位运动,如图 1-17 所示。

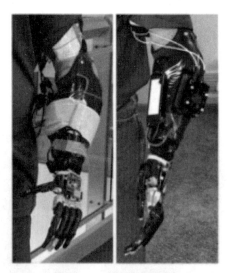

图 1-17　新型义肢系统

研究人员通过主流的边缘运算平台在神经义肢应用中部署深度学习人工智能系统,使得该义肢在多种实验室和真实环境下,具备了高可靠、高精度（95%~99%）和低延迟（50~120 ms）的手指运动控制能力。这种嵌入式的人工智能作为新型可穿戴生物医学设备的基础,有助于加快深度神经网络在临床中的应用。

（5）人工智能在机器视觉方面的发展

深度学习支撑机器视觉在过去十年取得了巨大进步,但与生物视觉相比还存在巨大差距,尤其是在应对高分辨率图像上,机器视觉的计算复杂度呈线性增长,需要的计算资源十分庞大。北京大学团队提出了模拟灵长类视网膜中央凹编码机理的脉冲视觉模型,如图1-18所示。

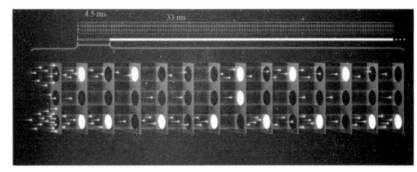

图 1-18　脉冲视觉成像模型

该模型不仅具有生物学价值,而且对设计新一代脉冲视觉模型、芯片乃至研制视网膜假体都具有重要意义。

人们前往医院就医时需要先挂号,但面对众多的科室,挂号这一步就难住了大部分患者。人工智能导诊小程序可以帮助患者完成导诊等一系列操作。

第一步,打开微信小程序,搜索"AI 导诊",如图 1-19 所示。

**人工智能基础
概念任务实施**

〈　 ☆ AI导诊　　　　　　　　　　🎤　 取消

小程序

左手医生
左手医生是以人工智能技术为基础的家…
◎ 北京左医科技有限公司　　1000+人最近使用

智能导诊

AI导诊
看病该挂什么科? AI助手告诉你。AI辅诊-
智能导诊 v5.7。
◎ 深圳市腾讯计算机系统有限公司　　使用过

图 1-19　搜索"AI 导诊"小程序

第二步,点击进入该小程序。

在 AI 导诊主界面可对患者属性进行简单设置,如性别、年龄以及医院(默认时不选择医院)。该小程序提供的服务有智能导诊、智能问病、智能问药、疫苗查询、辟谣较真和指标百科,如图 1-20 所示。

第三步,向 AI 导诊描述症状,例如描述为"最近睡眠不好",如图 1-21 所示。

图 1-20　AI 导诊主页面　　　　　图 1-21　AI 导诊询问症状

第四步,根据症状,AI 导诊会再次细化症状,提问"是否有其他症状",此时会出现一些症状选项可供选择,如果没有则选择"以上都没有"。若选择"头晕"症状,AI 导诊则根据该症状给出推荐的科室名称,如图 1-22 所示。

第五步,体验"智能问病"功能。使用该功能,并询问"胃炎要怎么治疗",此时会显示"疾病百科",它简要介绍该疾病,并给出治疗的方法,如图 1-23 所示。

图 1-22　AI 导诊推荐科室　　　　　图 1-23　AI 导诊"智能问病"

第六步,体验"智能问药"功能,查询相关药物,并给出详细信息。例如查询"阿莫西林",会显示相关的药品信息,如图 1-24 所示。

第七步,点击"更多"可以查看查询出的全部药品,如图 1-25 所示。

任　务　总　结

本次任务让我们初识了人工智能,加深了对于人工智能基础知识和概念的理解,了解了人工智能的关键技术以及简单实现效果,并在移动端体验了人工智能的产品,了解了人工智能的发展方向,加深了对人工智能的理解。

图 1-24　AI 导诊"智能问药"　　　　　　　图 1-25　AI 导诊查询全部商品

英 语 角

reversed	相反的	immediate	立刻的
opinion	意见	concept	概念
conversation	会话,交谈	machine	机器
mapping knowledge domain		知识图谱	

一、选择题

1. 人工智能是一门（　　）。

A. 数学和生理学　　　　　　　　　　B. 心理学和生理学

C. 语言学　　　　　　　　　　　　　D. 科学和边缘学科

2. 人工智能研究的一项基本内容是机器感知，以下不属于机器感知的是（　　）。

A. 使机器具有视觉、听觉、触觉、味觉、嗅觉等感知能力

B. 让机器具有理解文字的能力

C. 使机器具有能够获取新知识、学习新技巧的能力

D. 使机器具有听懂人类语言的能力

3. 人工智能主要研究方向不包括（　　）。

A. 机器人　　　　　B. 语音识别　　　　　C. 图像识别　　　　　D. 人脑活动

4. 下列哪个不是人工智能的研究领域（　　）。

A. 机器证明　　　　B. 模式识别　　　　　C. 人工生命　　　　　D. 编译原理

5. 不属于人工智能的学派是（　　）。

A. 符号主义　　　　B. 机会主义　　　　　C. 行为主义　　　　　D. 连接主义

二、填空题

1. 人工智能产生于 ＿＿＿＿＿ 年。

2. Tensor 是 ＿＿＿＿＿＿ 的意思，可以理解为可变更的数据。

3. 数据采集分为传统数据采集和 ＿＿＿＿＿＿＿＿。

4. 计算机数据存储是将数量巨大，难以收集、处理、＿＿＿＿＿ 的数据集持久化到计算机中。

5. ＿＿＿＿＿＿＿ 是机器语言和人类语言之间的桥梁，用计算机来处理、理解以及运用人类语言，以达到人机交流的目的，它是人工智能的一个分支，是计算机科学和语言学的交叉学科，称为计算语言学。

三、简答题

1. 人工智能的关键技术有哪些？

2. 人工智能发展至今出现的瓶颈有哪些？

项目二 人工智能机器学习

- 了解机器学习的基本概念
- 掌握机器学习各分类的特点
- 掌握深度学习的基本概念
- 了解机器学习的应用领域

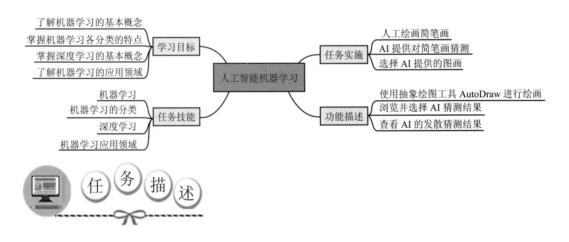

【情境导入】

随着信息产业的不断发展,计算机以及移动电子设备成为获取信息以及处理问题的重要工具,人们期望可以用计算机解决更多复杂的问题,但复杂程序的编写往往费时费力,这使得解决这些问题的成本十分高昂。于是人们希望机器可以像人类通过自主学习来提升自我那样,通过学习算法来帮助自己处理复杂棘手的问题,基于这种期盼,机器学习技术应运而生。

【功能描述】

- 使用抽象绘图工具 AutoDraw 进行绘画
- 浏览并选择 AI 猜测结果
- 查看 AI 的发散猜测结果

技能点 1　机器学习

1. 机器学习介绍

人工智能机器
学习理论讲解

人工智能第一次在中国引起广泛的讨论,是在 2017 年 5 月的中国乌镇围棋峰会上,人工智能机器人阿尔法围棋(AlphaGo)与当时排名世界第一的中国围棋棋手柯洁进行对战,阿尔法围棋最终以 3:0 的总比分获胜。阿尔法围棋是第一个战胜围棋世界冠军的人工智能程序,它是由谷歌公司旗下的 DeepMind 团队使用机器学习技术进行开发的。柯洁与阿尔法围棋的对弈如图 2-1 所示。

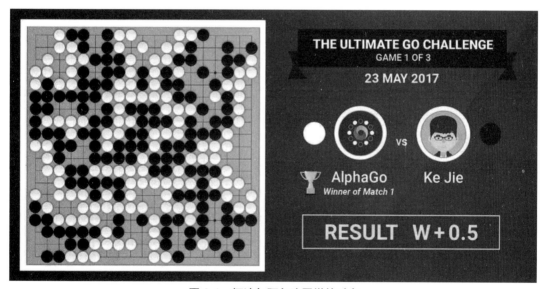

图 2-1　柯洁与阿尔法围棋的对弈

机器学习是人工智能研究领域中最重要的分支之一,它是一门涉及统计学、概率论、凸分析和逼近论等多个领域的交叉学科。1996 年,帕特·兰利将机器学习定义如下:"机器学习是一门人工智能科学,该领域的主要研究对象是人工智能,特别是如何在经验学习中改善具体算法的性能。"1997 年,"机器学习之父"汤姆·米歇尔表示:"机器学习是对能通过经验自动改进的计算机算法的研究。"2004 年,埃塞姆·阿培丁提出:"机器学习是用数据或以往的经验来优化计算机程序的性能标准。"

机器学习是一门开发法和统计模型的科学,计算机系统在使用这些算法和模型时,依靠既有模式和推理来执行任务。计算机系统使用机器学习中的算法来处理大量历史数据,并识别数据模式。这可让计算机系统根据给出的输入数据集更准确地预测结果。例如,数据科学家可以通过输入数百万张的扫描图片和相应诊断来训练医学应用程序,使该程序能够根据 X 光片诊断肿瘤。

机器学习解决具体问题的基本思路:首先把待解决的现实问题抽象成数学模型,并合理设置模型中的参数;其次利用数学方法对这个数学模型求解,从而得到具体的模型公式;最后对得出的数学模型进行评估,验证它是否真正解决了待解决的问题。机器学习的基本思路如图 2-2 所示。

将现实问题抽象为数学问题　机器解决数学问题
　　　　　　　　　　　　　从而解决现实问题

图 2-2　机器学习的基本思路

2. 机器学习流程

机器学习的一般流程包括定义分析目标、收集数据、数据预处理、数据建模、模型训练、模型评估、模型应用等步骤,如图 2-3 所示。首先要从业务的角度分析,其次提取相关的数据进行探查,发现其中的问题,再次依据各算法的特点选择合适的模型进行实验验证并评估各模型的结果,最后选择合适的模型进行应用。

(1)定义分析目标

使用机器学习解决实际问题的首要步骤是明确目标任务,因为只有确定了需要解决的问题和业务所需的需求,才能基于目标任务设计或选择算法。

(2)收集数据

当目标任务确定后,即可开始收集机器学习过程中所需的数据。收集的数据要具有代表性,并且尽可能覆盖目标任务领域,否则容易出现过拟合(模型参数太多,复杂度过高,不能处理除训练数据以外的数据)或欠拟合(模型参数太少,复杂度过低,不能表达出训练数据的特征)。比如对于分类问题,如果样本数据不平衡,就会影响模型的准确性。

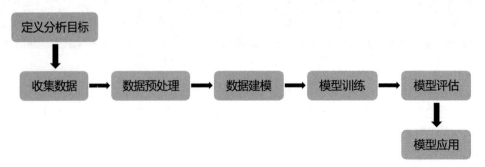

图 2-3　机器学习的一般流程

在收集数据的过程中还要对数据的量级进行评估,评估指标包括样本量和特征数,以分析本次任务对内存的消耗,如内存消耗过大,则需要改进算法或使用一些降维技术来减少消耗。

（3）数据预处理

在生产环境中的机器学习，其数据往往是原始、未加工和未处理过的。所以在获得数据以后，需先对数据进行分析，了解数据的大致结构、数据的统计信息、数据噪声以及数据分布。为了更好地掌握数据情况，一般会使用数据可视化方法或数据质量评价方法来对数据质量进行评估。

在对数据进行分析后，需要对数据集中出现的会影响数据质量的问题，如数据缺失、数据不规范、数据分布不均衡、数据异常、数据冗余等进行预处理。数据预处理的方法包括归一化、离散化、缺失值处理、去除共线性等，预处理过程常常花费整个机器学习的大部分时间。

（4）数据建模

在数据预处理完成后，需要使用应用特征选择方法，以从数据中提取出合适的特征，并使用这些特征进行数学建模，因为特征的选择往往会直接影响数学模型的效率。对于好的特征，使用简单的算法也能得出良好、稳定的结果。为了筛选出良好的数据特征，可以使用特征有效性分析技术。

在开始训练模型前，一般会把数据分为训练集和测试集，来对模型的泛化能力进行评估。一般不存在对任何情况都有良好表现的算法，因此在实际选择模型时，会使用几种不同方法来进行模型训练，然后比较它们的性能，从中选择最优的一个。

（5）模型训练

在模型训练过程中，需要不断对模型参数进行调优，该过程需要开发人员对机器学习算法原理有良好的理解，以便可以快速定位哪些参数能决定模型的优劣。开发人员对算法的理解越深入，就越容易发现问题所在，从而确定合理的调优方案。

（6）模型评估

在模型训练完成后，需使用测试数据对模型进行测试，来评估模型对新鲜样本的适应能力。如果测试结果不理想，则需要分析原因并进行模型优化。在对模型进行优化时，可以对模型进行诊断以确定模型调优的方向与思路，常见的诊断方法有交叉验证、绘制学习曲线等。如果模型出现过拟合，那么调优思路就是增加数据量，降低模型复杂度；如果模型出现欠拟合，那么调优思路就是提高特征数量和质量，增加模型复杂度。

在对模型进行测试评估的过程中，需要观察产生误差的样本，并分析出误差产生的原因，一般的分析流程是依次验证数据质量、算法选择、特征选择、参数设置等。在模型调整后，需要重新训练和评估，所以机器学习的模型建立过程就是不断尝试，并最终达到最优状态的过程。

（7）模型应用

模型经过评估调优后，即可进行实际应用。一个模型的优劣直接决定其在线上运行时的效果，评估模型的实际应用效果，主要从模型准确度、模型误差、模型运行速度（时间复杂度）、资源消耗程度（空间复杂度）、模型稳定性等方面来进行。

技能点 2　机器学习的分类

机器学习根据训练方法大致可以分为 3 大类：监督学习、无监督学习、强化学习，如图 2-4 所示。

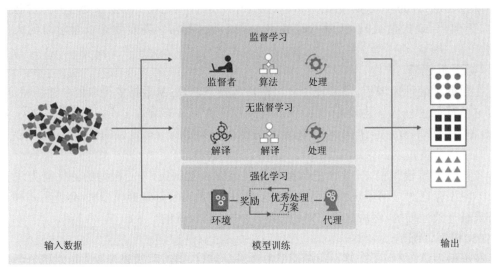

图 2-4　机器学习按训练方法分类

1. 监督学习

监督学习是机器学习中的一种学习方式，通过让计算机学习大量带有标签的样本数据，从而建立一个学习模型，该学习模型可以推测出新的实例。监督学习的流程如图 2-5 所示。

图 2-5　监督学习的流程

监督学习的流程主要包括 4 个部分。

①选择一个适合目标任务的数学模型。

②给机器一部分已知的问题和答案（即训练集）进行训练模拟。

③机器根据训练集内容进行规律总结，训练出一套符合目标任务的方法论。

④方法论形成后，将新的待解决问题（测试集）输入模型，让其进行解答验证。

　　监督学习在训练阶段使用的数据是带有标记的,这些标记包括数据类别、数据属性及特征点位置等。使用大量这种带有标记的数据训练机器,机器能将预测结果与期望结果进行比对,并根据比对结果来修改模型中的参数,再一次输出预测结果,再将该次预测结果与期望结果进行比对,重复多次直至收敛,最终生成具有一定智能决策能力的模型。常见的监督学习有回归和分类两种,如图 2-6 所示。回归是将数据归纳到一条"线"上,即为离散数据生产拟合曲线,因此其预测结果是连续的。而分类则是将一些实例数据分散到合适的类别中,其预测结果是离散的。

回归
预测连续的、具体的数值

分类
预测非连续的、离散型数据

图 2-6　监督学习的分类

　　以常见的个人信用评估系统为例,使用监督学习训练一个个人信用评估系统的过程如下。

　　(1)选择问题,构建模型

　　要评估个人的信用情况,首先需要收集与个人信用有关的因素,比如付款记录 A、账户总额 B、信用记录跨度 C 等。在找到全部影响因素后,即可对个人信用进行建模,也就是将 A、B、C 等影响因素与个人信用评分 Y 联系起来,如图 2-7 所示,个人信用评分模型可以预设为 $Y=f(A、B、C\cdots)$,我们可以把 f 简单理解为一个特定的公式。

$$Y=f(A、B、C、D、E)$$

Y:个人信用评分　　　　　　　　　C:信用记录跨度
A:付款记录　　　　　　　　　　　D:新账户
B:账户总额　　　　　　　　　　　E:信用类别

图 2-7　个人信用模型

　　(2)收集已知数据

　　为了使机器通过训练模拟得出正确的模型公式,需要先收集大量的已知数据,这些数据需包括个人的信用状态以及所有的影响因素数据,并把信用状态转化为可量化的分数。然后将数据分成不同的部分,一部分用来训练,一部分用来测试和验证,如图 2-8 所示。

图 2-8　数据集分类

（3）训练出理想模型

通过机器学习的训练,可以得出影响因素和信用分数的关系,这个关系就是公式 f。接下来需要再用数据验证集和测试集来验证这个公式是否准确,测试验证的具体方法如下。

①将影响因素数据套入公式,计算出信用分数。

②用计算出来的信用分数跟这个人实际的信用分数进行比较。

③评估公式的准确度,如果问题很大则进行调整优化。

（4）使用模型对新用户进行预测

验证成功后即可使用训练出的模型对新用户进行分析预测,收集新用户的影响因素数据,套入公式进行计算即可得出该用户的信用状况。

2. 无监督学习

无监督学习是一种通过对无标记训练样本的学习来揭示数据的内在性质和规律的方法,它本质上是一种统计手段,即在没有标签的数据里发现它们潜在的一些结构。监督学习与无监督学习的区别如下。

①监督学习是一种目的明确的训练方式;而无监督学习是没有明确目的的训练方式。

②监督学习需要给数据打标签;而无监督学习不需要给数据打标签。

③监督学习由于目的明确,因此可以衡量效果;而无监督学习几乎无法衡量效果。

常见的无监督学习有聚类和降维两种。在聚类工作中,由于事先不知道数据类别,因此只能通过分析数据样本在特征空间中的分布,如基于密度或基于统计学概率模型,来将不同数据分开,把相似数据聚为一类。

而降维是将数据的维度降低,例如描述某个物体需要考虑它的 10 种属性,则这 10 种属性代表了该物体对应数据的维度为 10,以该物体为目标进行训练,若对其全部数据信息进行分析,会增加数据训练的负担。因此可以通过主成分分析等方法,考虑其主要因素,舍弃次要因素,从而平衡数据分析的准确度与数据分析的效率,这种方式就是降维。

无监督学习的实际使用场景有以下几种。

（1）异常数据搜索

对大数量级数据进行异常分析,在过去是一件很复杂且成本很高的事情。通过无监督学习,可以快速对行为特征进行分类,虽然仍然不能确定分类后数据的代表内容,但可以快速排查出正常的数据、更有针对性地对异常行为进行深入分析。

（2）用户细分

很多广告平台,一般都需要对用户进行细分,如把用户按性别、年龄、地理位置等维度进行分类,或通过用户行为对用户进行分类,以此来有针对性地投放广告。无监督学习可以对用户从多维度上进行细分,使广告投放更有效率、效果更好,如图 2-9 所示。

（3）推荐系统

使用购物软件进行网购时,软件一般会根据用户的浏览行为推荐一些相关的商品,该功能就是使用无监督学习通过聚类来实现的,如图 2-10 所示。

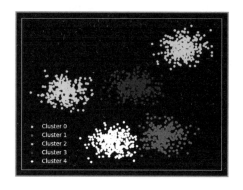

图 2-9　用户细分

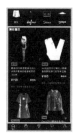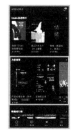

图 2-10　购物推荐

3. 强化学习

强化学习又称再励学习、评价学习或增强学习,强化学习的目标是使智能体在与环境的交互过程中,能通过学习策略来实现特定目标或达到回报最大化。其中智能体是指可以感知环境的状态,并根据反馈的奖励学习选择一个合适的动作,使长期总收益最大化;而环境会接收智能体执行的一系列动作,对这一系列动作进行评价并转换为一种可量化的信号反馈给智能体。

强化学习算法的思路很简单,以游戏为例,如果在游戏中采取某种策略可以取得较高的得分,那么玩家就会进一步强化使用这种策略,以期继续取得较好的结果。强化学习过程可以通过智能体、环境、奖励、行动、目标这 5 个元素来进行描述,例如笨鸟先飞（Flappy bird）这款游戏,如图 2-11 所示,玩家需要通过点击屏幕来控制小鸟上下移动来躲过水管,小鸟飞得更远就能获得更高的积分奖励,如果将小鸟看作一个智能体,这就是一个典型的强化学习场景,该场景所对应的强化学习描述元素如下。

智能体：小鸟角色。

目标：需要使小鸟飞得更远。

环境：游戏过程中需要躲避屏幕上的水管。

行动：让小鸟飞起或落下来躲避水管。

奖励：小鸟飞得越远就会获得越多的积分。

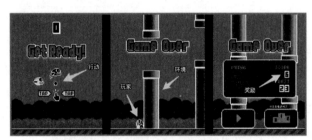

图 2-11　Flappy bird 与强化学习

在完成目标的过程中，当智能体行动正确，则奖励机制会施予其"积分增加"的正反馈激励；如果智能体行动错误，则游戏失败结束，并给予智能体负反馈。在该机制下，智能体会对所有可能行动进行计算和评估，以确定如何行动才能达到正反馈的最大化，从而训练出能高效完成目标的智能体。也正因为具有这种机制，强化学习在对抗游戏 AI 的开发上有得天独厚的优势。

目前较为流行的强化学习模型有深度 Q 网络 (Deep Q-Network)、深度筹码（Deep Stack）和冷扑大师（Libratus），以及阿尔法围棋（AlphaGo）（也包括 AlphaGo Zero 和 AlphaZero）等，它们每一个都代表了对一类问题的解决方式。其中 Deep Q-Network 主要用于训练单玩家游戏，或更一般性的单智能体控制问题；DeepStack 和 Libratus 主要用于训练双人不完美信息零和游戏；AlphaGo 主要用于训练双人完美信息零和游戏。

技能点 3　深度学习

1. 神经网络

深度学习是机器学习一个最重要的分支，目前表现最好的人工智能应用大部分都是基于深度学习技术实现的，正是因为深度学习的突出表现，才引发了人工智能的第三次浪潮。

深度学习的概念源于人工神经网络的研究，人工神经网络是从结构、实现机理和功能上对人脑神经网络进行模拟而设计的一种计算模型。人脑神经网络的基本单位是神经元，神经元是由细胞体、树突、轴突、突触等共同组成的，如图 2-12 所示。树突可以看作输入端，接收从其他细胞传递过来的电信号；轴突可以看作输出端，传递电荷给其他细胞；突触可以看作 I/O（输入 / 输出）接口，连接神经元，单个神经元可以和上千个神经元连接。细胞体内有膜电位，从外界传递过来的电流使膜电位发生变化，并且不断累加，当膜电位升高、超过某个阈值时，神经元被激活，产生一个脉冲，传递到下一个神经元。

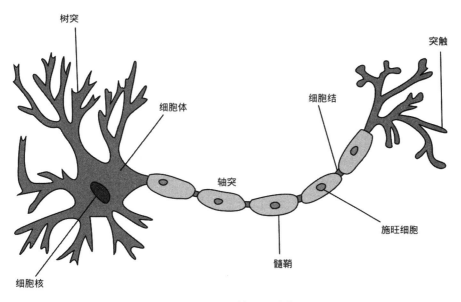

图 2-12 神经元结构

神经元是多输入单输出的信息处理单元,具有空间整合性和阈值性,输入分为兴奋性输入和抑制性输入。根据这个原理,科学家提出了人工神经网络的概念,人工神经网络与生物神经元类似,由多个节点(人工神经元)互相连接而成,可以用来对数据之间的复杂关系进行建模,不同节点之间的连接被赋予了不同的权重,每个权重代表了一个节点对另一个节点的影响大小。每个节点代表一种特定函数,来自其他节点的信息经过其相应的权重综合计算,被输入到一个激活函数中并得到一个新的活性值(兴奋或抑制)。 从系统观点来看,人工神经网络是由大量神经元通过极其丰富和完善的连接而构成的自适应非线性动态系统。M-P 模型是对生物神经元最基本的建模,可以被当作人工神经网络中的单个神经元,如图 2-13 所示。

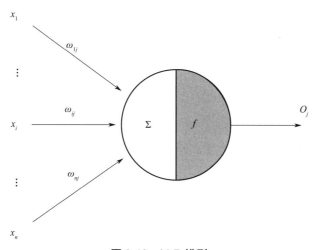

图 2-13 M-P 模型

M-P 模型和生物神经元的类比如表 2-1 所示。

表 2-1　M-P 模型与生物神经元对照表

生物神经元	输入信号	权重	输出	总和	激活函数
M-P 模型	X_i	W_{ij}	O_j	$\sum$	f

人工神经网络会将多个单一神经元连接在一起,将一个神经元的输出作为下一个神经元的输入,一个简单的人工神经网络模型如图 2-14 所示。

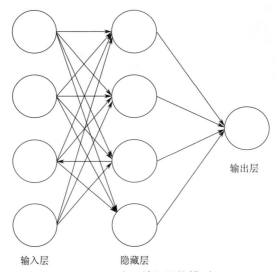

图 2-14　人工神经网络模型

图 2-14 中每个圆形表示人工神经网络的单个神经节点,其中的"+1"节点是人工神经网络的偏置节点,也称截距项,偏置节点可以控制人工神经网络的激活状态。人工神经网络最左边的一层称为输入层,输入层接受大量非线性输入消息,输入的消息称为输入向量。最右边的一层称为输出层,消息在神经元链接中传输、分析、权衡,形成输出结果,输出的消息称为输出向量。中间一层称为隐藏层,隐藏层是由处于中间位置的所有神经节点组成的,隐藏层的值在训练过程中不能被直接观测到。

上述的人工神经网络是一个能够学习、总结归纳的系统,也就是说它能够通过已知数据来学习和归纳总结。人工神经网络的学习也称为训练,指通过神经网络所在环境的刺激作用调整神经网络的自由参数,使神经网络以一种新的方式对外部环境做出反应的一个过程。神经网络最大的特点是能够从环境中学习,并在学习中提高自身性能。经过反复学习,神经网络对其环境会越来越了解。

人工神经网络的学习类型由参数变化发生的形式决定,不同的学习算法对神经元的权值调整的表达式有所不同。没有一种独特的学习算法可以用于设计所有的神经网络,选择或设计学习算法时,还需要考虑神经网络的结构以及神经网络与外界环境相连的形式。

2. 深度学习介绍

深度学习虽然源于人工神经网络,但是并不完全等同于传统人工神经网络,下面以识别图片中文字为例来介绍深度学习的概念。

假设深度学习要处理的信息是水流,则处理数据的深度学习网络就是一个由管道和阀门组成的巨大水管网络,如图 2-15 所示。网络的入口是若干管道开口,网络的出口也是若干管道开口。这个水管网络有许多层,每一层有许多个可以控制水流流向与流量的调节阀。根据任务需要,水管网络的层数、每层的调节阀数量可以有不同的变化组合。对复杂任务来说,调节阀的总数可达成千上万甚至更多。水管网络中,每一层的每个调节阀都通过水管与下一层的所有调节阀连接起来,组成一个从前到后,逐层完全连通的水流系统。

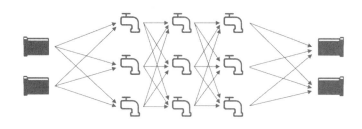

图 2-15　水流系统概念图

第一步,学习"田"字。当计算机"看"到一张写有"田"字的图片,就将组成这张图片的所有信息全都变成信息的水流,从入口"灌"进水管网络。预先在水管网络的每个出口都插一块字牌,上面是需要计算机认出的汉字。这时,因为输入的是"田"这个字,等水流流过整个水管网络,计算机会检查管道出口位置的水流量,检测标记有"田"字的管道出口流出来的水流是否最多。若是,就说明这个管道网络符合要求。否则,就调节水管网络里的每一个流量调节阀,让"田"字出口流出的水量最多,如图 2-16 所示。

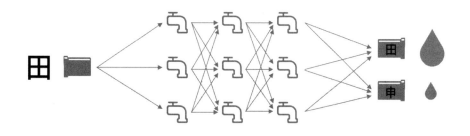

图 2-16　水流系统识别"田"字

经过计算机的学习计算加上研究人员的算法优化,深度学习总是可以很快给出一个解决方案,调好所有阀门,让出口处的水流量符合要求。

第二步,要学习"申"字时,把每一张写有"申"字的图片变成信息水流"灌"进水管网络,然后计算机检测写有"申"字的那个管道出口水流量是否最多,否则,调整所有的阀门。这一次训练,既要保证刚才学过的"田"字不受影响,也要保证新学的"申"字可以被正确处理,如图 2-17 所示。

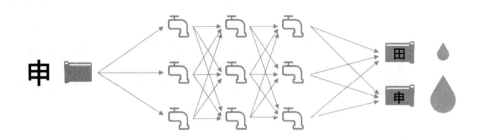

图 2-17　水流系统识别"申"字

　　如此反复进行,直到所有汉字对应的水流都可以按照期望的方式流过整个水管网络,此时该水管网络就是一个训练好的深度学习模型了。当大量汉字被这个管道网络处理,所有阀门都调节到位后,整套水管网络就可以用来识别汉字了:将调节好的所有阀门都"焊死",静候新的水流到来。与训练时做的事情类似,未知的图片会被计算机转变成数据的水流,"灌"入训练好的水管网络,计算机只要"观察"一下,哪个出水口流出来的水流量最大,这张图片上写的就是对应出口标记的那个汉字。

　　深度学习就是这样一个用人类的数学知识与计算机算法构建起来的整体架构,再结合尽可能多的训练数据以及计算机的大规模运算能力去调节内部参数,尽可能逼近问题目标的半理论、半经验的建模方式。

　　2006 年是深度学习发展史的分水岭,杰弗里·辛顿在这一年发表了一篇名为《一种深度置信网络的快速学习算法》的文章,其他重要的深度学习学术文章也在这一年被相继发布,使得深度学习在基本理论层面取得了若干重大突破。这次浪潮的形成主要是因为 2000 年后互联网行业开始飞速发展,从而产生了海量的数据,为了应对这种情况,硬件厂商大力投入发展存储领域,数据存储的成本开始快速下降,使得海量数据的存储和分析成为可能。同时,图形处理器(GPU)的不断成熟为其提供了必要的算力支持,提高了算法的可用性,降低了算力的成本。在各种条件成熟后,深度学习发挥出了强大的能力,在语音识别、图像识别、NLP 等领域不断刷新纪录,让 AI 产品真正进入了可用的阶段。

3. 深度学习常用算法

（1）卷积神经网络

　　卷积神经网络(CNN)是研究人员受到人类视觉神经系统启发而开发出来的深度学习算法,常用来分析视觉图像。卷积神经网络能够有效将大数据量的图片降维成小数据量的图片,并能在该过程中保留图片的特征,目前卷积神经网络已经在很多领域得到广泛应用,如人脸识别、自动驾驶、安防领域等。

　　在卷积神经网络出现前,使用人工智能处理视觉图像有两个难题,第一个难题是图像需要处理的数据量太大,导致成本很高,效率很低。如图 2-18 所示,计算机中的图像是由像素构成的,每个像素又有其特定的颜色。

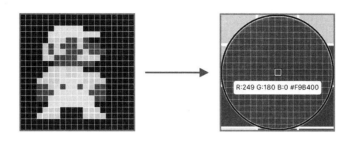

图 2-18　图像由像素构成，像素由颜色构成

随着互联网的不断发展，现在网络上出现的图片大部分都是 1 000×1 000 像素以上的，每个像素都由红（R）、绿（G）、蓝（B）3 个参数来表示颜色信息，如果要处理一张 1 000×1 000 像素的图片，就需要对应处理它的 300 万个参数，如此大量的数据处理起来十分消耗资源，时间成本和算力成本高昂。卷积神经网络，可以将该过程的复杂问题简单化，把大量参数降维成少量参数再做处理。更重要的是，在大部分场景下的降维并不会影响结果。比如将 1 000×1 000 像素的图片缩小成 200×200 像素的图片，并不影响肉眼辨识事物，机器也是如此。

第二个难题是图像在数字化的过程中很难保留原有的特征，导致图像处理的准确率不高。传统的图片数字化过程如图 2-19 所示。

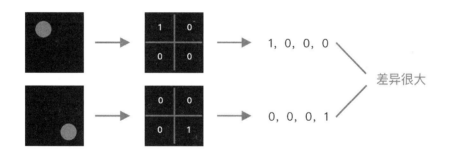

图 2-19　传统的图片数字化过程

将图 2-19 中的圆形位置简化成 1，空白位置简化成 0，那么圆形的位置不同就会产生完全不同的数据表达。但是从视觉的角度来看，图像的内容并没有发生变化，只是位置发生了变化。所以当图像中的物体位置发生变化时，用传统的方式得出来的参数差异会很大，这是不符合图像处理的要求的。而卷积神经网络用类似视觉的方式保留了图像的特征，当图像翻转、旋转或者变换位置时，它也能有效识别出相关图像。

卷积神经网络由三部分组成，分别是卷积层、池化层、全连接层，它们的作用分别如下。

①卷积层用于提取图像中的局部特征。卷积层通过在输入图像上滑动不同的卷积核并执行一定的运算来产生一组特征图，如图 2-20 所示。

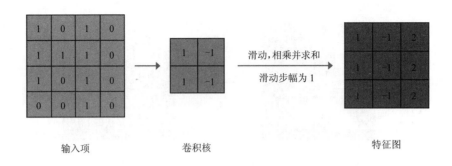

图 2-20　卷积层

在每一个滑动的位置上,卷积核与输入图像之间会执行一个元素对应乘积并求和的运算以将感受野内的信息投影到特征图中的一个元素。这一滑动过程的滑动幅度被称为步幅,如步幅为 1 时,卷积核每次移动 1 像素的位置,步幅是控制输出特征图尺寸的一个因素。卷积核的尺寸要比输入图像小得多,且重叠或平行地作用于输入图像中,一张特征图中的所有元素都是通过一个卷积核计算得出的,也即一张特征图共享了相同的权重和偏置项。

②池化层用于大幅降低参数量级。池化是卷积神经网络中的一个重要概念,它实际上是一种非线性形式的降采样过程。池化有不同种类型,而其中最大池化是最为常见的一种,也是效果比较显著的一种。在使用池化前,需要人为确定池化窗口的大小以及滑动步幅,如图 2-21 中所示的最大池化过程。

池化窗口大小为 2×2,滑动步幅为 2,池化窗口会从特征图中获取并保留该 2×2 区域中最大的元素,然后滑动 2 像素的长度到下个区域,直至整个特征图中的区域全部完成池化。这种机制能够有效的原因在于,一个特征的精确位置远不及它相对于其他特征的粗略位置重要。池化层会不断地减小数据的空间大小,因此参数的数量和计算量也会下降。

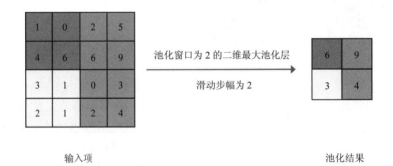

图 2-21　最大池化过程

③全连接层类似传统神经网络的部分,用于输出想要的结果。在经过卷积层和池化层之后,处理过的数据输入到全连接层,得到最终想要的结果。

典型的卷积神经网络并非只是上面提到的 3 层结构,而是多层结构,例如十分有名的卷积神经网络算法 LeNet-5 的结构就由"卷积层—池化层—卷积层—池化层—全连接层—高斯连接层"叠加组成,如图 2-22 所示。

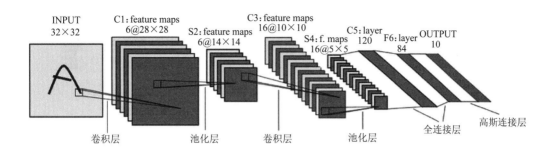

图 2-22　LeNet-5 结构图

（2）循环神经网络

深度学习算法大部分都是输入和输出之间一一对应的,不同的输入之间是没有联系的。但是在某些场景中,一个输入不能准确描述问题,例如一些集中序列数据、文章中的文字内容、语音中的音频内容、股票市场中的价格走势等。为了解决这种数据为序列数据并且数据流之间相互依赖的问题,研究人员开发了循环神经网络（RNN）。

传统神经网络的结构比较简单,从输入层到隐藏层再到输出层,如图 2-23 所示。循环神经网络跟传统神经网络最大的区别在于每次都会将前一次的输出结果带到下一次的隐藏层中一起训练,如图 2-24 所示。

图 2-23　传统神经网络　　　　图 2-24　循环神经网络

例如计算机要回答用户的提问"今天星期几",只是孤立地理解这句话的每个字是不够的,还需要处理这些词连接起来的整个序列。若在循环神经网络中处理这句话,首先需要进行分词输入,在该过程中,每个字都会对后面的输入产生影响,如图 2-25 所示,数字下方的圆形分层代表文字之间的影响。

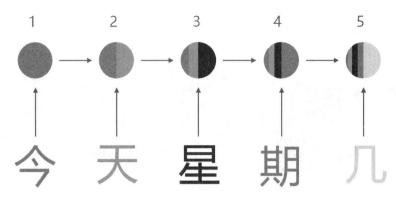

图 2-25　循环神经网络对句子的理解

　　"2"位置的"天"字被"1"位置的"今"字信息所影响,而"3"位置的"星"字又同时被"今天"两个字的信息所影响。以此类推,当计算机进行判断时,只需要输出"5"位置的"几"字即可。

　　但这种形式的循环神经网络同样有缺点,在它的输出项中,短期的记忆影响较大(如 5 位置中代表"几"字的右半圆区域),而长期的记忆影响就很小(如 5 位置中代表"今"字的最左侧弓形区域),这就是循环神经网络存在的短期记忆问题。于是在此基础上,出现了一种长短期记忆网络(LSTM),这种长短期记忆网络打破了循环神经网络死板的逻辑,改用了一套灵活的逻辑,即只保留重要的信息,而忽略不重要的信息,如图 2-26 所示。

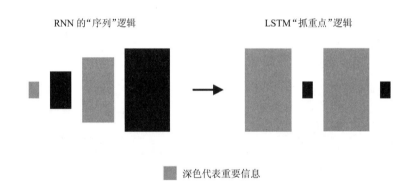

图 2-26　长短期记忆网络"抓重点"逻辑

　　下面以抽象绘图工具 QuickDraw 为例,介绍循环神经网络的实践应用。

　　抽象的视觉传达是人们传达彼此观点的重要部分,人在小时候就有仅用少量笔画描绘物体的能力,这些简单的绘画可能不会像照片那样能表达现实,但是它们却能传达一些有关人类如何表示和构建周围世界图像的信息。根据这种思维方式,人工智能研究人员基于循环神经网络开发了一个能绘画和概括抽象概念的工具。

　　为了收集项目的数据集,研究人员开发了一个名为 *QuickDraw* 的小游戏,该游戏会给出一个名词,让参与者在 20 秒内进行画画,同时机器会根据参与者的笔触运动轨迹来猜测参与者所画的东西,如图 2-27 所示。

图 2-27　机器猜测结果

在收集过程中,来自全球的超过 1 500 万名玩家在 QuickDraw 中贡献了包含 345 类的超过 5 000 万张图画,如图 2-28 所示。这些涂鸦被存储成为一组带时间戳的向量,并加上了元数据信息标签,包括机器要求用户画的是什么、用户所在国家等,构成了一个独特的数据集,来帮助研究人员训练 Sketch-RNN 神经网络。通过这些数据,机器可以了解世界各地人们的绘画模式,并可以帮助艺术家创造人类还没有想到的东西。

图 2-28　QuickDraw 数据集

研究人员在这些手绘草图的数据集上训练模型,每个草图都包含了控制钢笔的运动序列:要移动到哪个方向,什么时候提笔,何时停止绘画。在模型的训练过程中,研究人员故意往向量中添加噪声,这样模型就不能准确地生成输入草图了,而需要在训练过程中捕获草图的本质来排除噪声的干扰。通过这个排除干扰的训练过程,模型生成一个用于绘制新图的动作序列,此时,研究人员将几个猫的草图提供给模型,让它重构草图,得出如图 2-29 所示的效果。

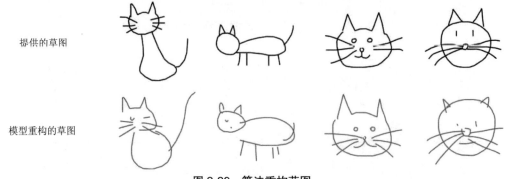

提供的草图

模型重构的草图

图 2-29　算法重构草图

　　重构的猫的草图不是输入草图的副本,而是与输入具有相似特征的猫的新草图。为了证明这个模型不是简单地复制输入序列,而是学到了一些关于人们绘画猫的方式的信息,研究人员尝试将非标准草图提供给模型,如图 2-30 所示。

提供的草图

模型重构的草图

图 2-30　算法重构非标准草图

　　研究人员将一只三眼猫的草图提供给模型后,这个模型生成了一个与之相似的两眼猫。为了表明模型不是简单地从记忆的大量猫草图中选择最接近的正常猫,研究人员又输入了一些完全不同的东西,比如牙刷草图。模型生成了一个有长胡须的类似猫的草图,这个草图模仿了牙刷的特征和方向。这表明,该模型已经学会了将输入草图编码成一组抽象的猫,并基于此重构全新的草图。

　　研究人员利用一组猪的草图来重复了这一实验,最后得出了相似的结论。当提供一张具有八条腿的猪的草图时,模型生成了一个仅有四条腿的类似的猪。如果将一张卡车草图提供给此模型,可能会得到一个类似卡车的猪,如图 2-31 所示。

提供的草图

模型重构的草图

图 2-31　算法重构验证

若将其应用于实践,它不仅可以帮助设计者设计出能够和目标观众产生更多共鸣的抽象设计,还可以为人们对于自己的创造力思维过程的理解提供帮助,甚至可以为许多新型创意应用提供技术支持。

（3）生成对抗网络

监督学习的训练集需要大量的人工标注数据,这个过程的成本很高且效率很低,而人工判断生成结果的好坏也是如此,有成本高和效率低的问题。生成对抗网络能自动完成这个过程,且不断优化,这是一种成本非常低且效率非常高的方式。

生成对抗网络由生成器和判断器构成,它们的作用如下。

①生成器（Generator）：通过机器生成数据（大部分情况下是图像）,目的是"骗过"判别器。

②判别器（Discriminator）：判断这张图像是真实的还是机器生成的,目的是找出生成器做的"假数据"。

生成对抗网络训练的过程是对两个不同阶段的循环,这两个阶段如下。

第一阶段：固定判别器,训练生成器,如图 2-32 所示。

图 2-32　固定判别器,训练生成器

设计一个有一定判断能力的判别器,让一个生成器不断生成假数据,然后使用该判别器进行判断。一开始生成器能力还很低下,所以很容易被判别出假数据。但是随着不断训练,生成器技能不断提升,最终可以轻易骗过判别器。在该阶段的最后,判别器基本处于随机判断的状态,判断是否为假数据的概率为 50%。

第二阶段：固定生成器,训练判别器,如图 2-33 所示。

当完成第一阶段的训练后,继续训练生成器就没有意义了,这时可以固定生成器,并开始训练判别器。判别器通过不断训练,提高了自己的鉴别能力,最终目标是可以准确地判断出所有假图片。在该阶段的最后,生成器已经无法骗过判别器。

图 2-33　固定生成器,训练判别器

通过不断循环,如图 2-34,生成器和判别器的能力都不断加强,最终会得到一个符合目标效果的生成器,通过该生成器可以实现训练的预期功能。

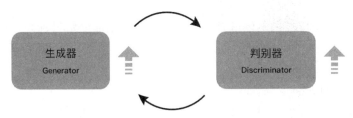

图 2-34　循环训练,两者能力越来越强

技能点 4　机器学习应用领域

机器学习的典型应用领域有视觉领域、金融领域、医疗领域、网络安全领域、工业领域等。随着海量数据的累积和硬件运算能力的提升,机器学习的应用领域还在快速延展。

1. 视觉领域

机器学习可以通过模拟人类视觉处理过程,并辅以计算机视觉处理技术来将图像处理过程变得智能化,所以机器学习在该领域有许多具体的应用,如图像识别、照片分类、图像隐藏等。随着卷积神经网络在图像处理领域被大规模应用,最近几年图像处理方面的创新应用已经涉及图片生成、美化、修复和图片场景描述等范畴。

（1）图片描述

脸书（Facebook）公司在 2015 年开发了一款可以描述图片内容的应用,通过对图片中背景、人物、物品以及场景的描述来帮助视觉障碍人士了解图片内容。其中应用的主要技术是图像识别,将脸书现有图片库中已经标记过的图片作为模型的训练集,经过学习,逐渐实现对图片中对象的识别。

（2）混合图片艺术效果

2016 年照片编辑软件艺术相机（Prisma）上线,该软件可以为图片加入另一张图片的艺术效果,普通滤镜的实现过程是在照片原图的基础上进行修改或叠加,而艺术相机则是使用卷积神经网络技术,按照用户提供的主体文件内容和风格图片的样式,重新绘制一幅新的图片,如图 2-35 所示。图（a）是一张拍摄的实物图,而（b）（c）（d）则是将该实物图混合了不同的名画风格重新生成的图片。

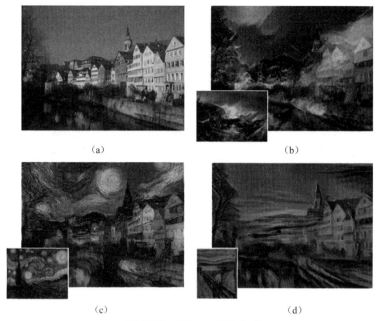

(a)　　　　　　　　　　(b)

(c)　　　　　　　　　　(d)

图 2-35　Prisma 图片生成

（3）图像修复

神经网络还可以用于图像修复,将生成对抗网络和卷积神经网络结合,对现有图片中的缺失部分进行修复。此外,使用已经训练好的卷积神经网络作为纹理生成网络,可以对现有图片中的干扰物体进行移除。这类技术应用范围较广,除了用于照片美化外,还可集成于图片处理软件中用于智能修图,或者对现有的图片进行扩展绘制等。在某些训练集中,标记图片数量较少时,可以使用生成对抗网络生成大量伪图片,用于模型训练,不仅可以极大地减少人工标记的工作量,而且可以动态迭代优化模型。

（4）识别地理位置

谷歌公司的行星(PlaNet)神经网络模型可以识别照片中的地理位置,在该模型的训练过程中,使用了大约 1.26 亿张网络图片,并以这些照片的位置信息作为标记,将地球上除南北极和海洋之外的地区进行网格化,使图片对应于某一网格单元。然后使用其中大约 9100万张图片进行训练,用约 3400 万张图片进行验证,并用某些图片分享网站中大约 2300 万张带位置的照片进行测试,大约有 3.6% 的照片可以被准确识别到街道,28% 的照片可以被准确识别位于哪一国家,48% 的照片可以被准确识别位于哪一个大陆板块。平均的识别误差为 1131.7 千米。而人类的平均定位误差为 2320.75 千米。

2. 金融领域

金融与人们的衣食住行等息息相关。与人类相比,机器学习在处理金融行业的业务方面更加高效。在信用评分方面,应用评分模型评估信贷过程中的各类风险,并对其进行监督,基于客户的职业、薪酬、所处行业、历史信用记录等信息确定客户的信用评分,不仅可以降低风险,还可以加快放贷过程、减少尽职调查的工作量、提高效率。

（1）欺诈检测

在欺诈检测方面,基于收集到的线上行为特征数据以及过往案件中总结出的反欺诈规则,如图 2-36 所示,训练得出机器学习模型,用来预测欺诈发生的概率。与传统检测相比,这种方法用时更少,且能检测出更复杂的欺诈行为。在训练过程中需要注意样本类别不均衡的问题,防止出现过拟合情况。

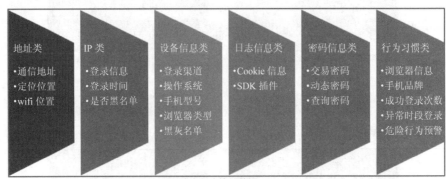

图 2-36　机器学习反欺诈规则

（2）股票市场预测

在股票市场的趋势预测方面,通过机器学习算法可以分析上市公司的资产负债表、现金流量表等财务数据和企业经营数据,提取与股价或指数相关的特征对股票市场进行预测。另外,还可以利用与企业相关的第三方资讯,如政策法规、新闻或社交网络中的信息,用自然语言处理技术分析舆情观点或情感指向,为股票价格预测提供支持,从而使预测结果更准确。

（3）客户关系管理

在客户关系管理方面,通过从银行等金融机构现有的海量数据中挖掘信息,机器学习模型可对客户进行细分,从而支持业务部门的销售、宣传和市场推广活动。此外,应用聊天机器人等综合人工智能技术可以全天候服务客户,为其提供私人财务助理服务,例如个人财务指南、跟踪开支等。在处理各种客户请求,如客户通知、转账、存款、查询、常见问题解答和客户支持方面时,通过长期积累用户的历史记录,其可以向客户提供合适的理财方案。

3. 医疗领域

机器学习可以用于预测患者的诊断结果、制定最佳疗程甚至评估风险等级。

（1）病变检测

2016 年美国医学会杂志（*The Journal of the American Medical Association*）简称 *JAMA* 报道了一项研究,通过学习大量历史病历,人工智能的诊断准确度达到了 96%,这一数字表明人工智能在对糖尿病视网膜病变进行诊断方面已经达到了较高水平。此外,对超过 13 万张皮肤癌的临床图片进行深度学习后,机器学习系统在检测皮肤癌方面也取得了显著成果。

（2）术中病理分析

对脑外科医生而言，术中病理分析往往是诊断脑肿瘤的最佳方式之一，而这一过程耗时较长，容易延误正在进行的脑部手术。研究人员开发出的机器学习系统，能够将未经处理的大脑样本进行"染色"，以此为脑肿瘤的诊断提供非常精准的信息，其准确率和使用常规组织切片的准确率相当，为身处手术中的脑外科医生节省了诊断的时间。

（3）患病预测

医学研究人员利用机器学习技术分析大量图像资料，通过分析建立模型，辨别和预测早期癌症，还可以为患者提供个性化的治疗过程。例如从大量心脏病患者的电子病历库中调取患者的医疗信息：疾病史、手术史或个人生活习惯等，将这些信息进行分析建模，预测患者的心脏病风险因素，它在预测心脏病患者人数以及预测是否会患心脏病方面均优于现在的预测模型。

（4）即时诊断

在即时诊断领域，机器学习大大提高了纸基检测、微流控检测、可穿戴设备等即时诊断技术的数据处理能力，并对该领域相关芯片的设计、检测过程的控制与检测结果的分析等大有助益，如图 2-37 所示。机器学习的应用，使得芯片设计过程向流程化发展，避免了对设计者相关知识和经验的严格要求。机器学习还可以辅助控制检测试剂行为，包括控制液体的流速、控制液滴形成过程和保护液滴的流动不受干扰等，使检测过程向高度自动化发展。对于检测结果的分析与处理，机器学习则为其带来了检测范围、检测效果、检测速度的提升。此外，通过与智能手机平台的结合，机器学习也给即时诊断用户的体验带来了提升，体现了即时诊断是以患者为中心的理念。

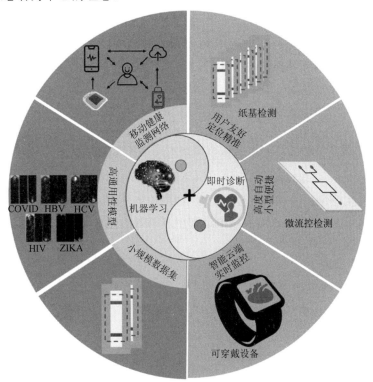

图 2-37　机器学习与即时诊断

（5）临床试验

在临床试验方面，每次临床试验都需要大量的数据，如患者的病历信息、卫生日志、医疗检查数据等。机器学习可以汇总挖掘这些数据，从而获得有价值的信息。例如，生物制药公司根据个体患者的生物特征进行建模，并根据患者的药物反应，对试验人群进行分类，对患者生物体征和反应进行全程监控。

4. 网络安全领域

网络安全包括反垃圾邮件、反网络钓鱼、上网内容过滤、反诈骗、防范攻击和活动监视等，随着机器学习算法逐渐应用于企业安全中，各种新型安全解决方案如雨后春笋般涌现，这些模型在分析网络、监控网络、发现异常情况等方面效果显著，从而可以保护企业免受威胁。

（1）密码破解

在密码学方面，机器学习主要用于密码的破解，例如通过分析通用符号密码的特征，以及目前常见密码的各种缺点，利用神经网络算法破解密码。近几年，谷歌大脑将生成对抗网络引入密码加密和解密中，随着迭代训练次数不断增加，加密模型和解密模型的性能同步提升，在没有提供密码学知识的情况下，最终获得性能很强的加密模型。

（2）网络安全加固

在网络安全加固方面，利用机器学习探测网络安全的优势和劣势，并给出一些改进的建议。由于恶意请求通常都会进行伪装，所以在网络入侵检测方面存在较大难度。又因攻击行为实例较少，所以需要处理样本不平衡问题，故在模型评价时采用查全率作为性能度量标准。

> 课程思政：职业道德
>
> 职业道德是指在职业活动中应遵循、体现职业特征的、调整职业关系的职业行为准则和规范。作为专业从业人员，要自觉遵守中国软件行业基本公约；具有良好的知识产权保护观念和意识，自觉抵制各种违反知识产权保护法规的行为；自觉遵守企业规章制度与产品开发保密制度；遵守有关隐私信息的政策和规程，保护客户隐私。例如在进行机器学习时需要获取大量的数据，就必然会牵扯到信息安全问题，因此在从业人员进行机器学习的过程中也要时刻注意对信息安全的保护。

5. 工业领域

机器学习在工业领域的应用主要在质量管理、灾害预测、缺陷预测、工业分拣、故障感知等方面。通过采用人工智能技术，实现制造和检测的智能化和无人化，利用深度学习算法进行判断的准确率和人工判断相差无几。

（1）工业流程预测

使用 AI 创建流程预测模型，可以帮助工厂模拟整个工业生产过程会产生的扰动或问题，这是单独的设备模型无法做到的，图 2-38 即为工业流程预测软件界面。

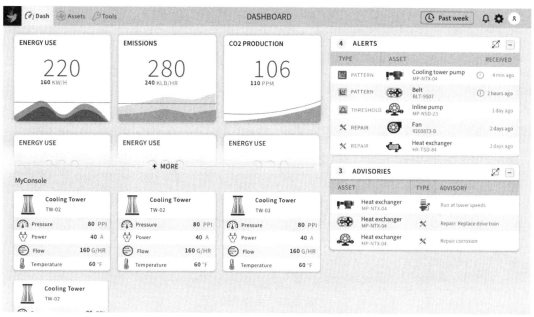

图 2-38　工业流程预测软件

（2）工业机器人

将深度学习算法应用到工业机器人上,可大幅提升作业性能,并实现制造流程的自动化和无人化。例如用于商品或者零件分拣,使用分类算法对商品进行识别,同时可以采用强化学习算法来实现商品的定位和捡起动作。

（3）机器故障检测和预警

在机器故障检测和预警方面,应用机器学习对物联网中各传感器提取的数据进行分析,并结合历史故障记录、硬件状态指标等信息建立预测模型,可提前预知异常。或者从故障定位的角度,建立决策树等分类模型对故障原因进行判断,快速定位并提供维修建议,减少故障的平均修复时间,从而减少停机带来的损失。

体验使用循环神经网络模型 Sketch-RNN 开发的抽象绘图工具 Au-toDraw。

第一步,在浏览器中访问 AutoDraw 官方网站,AutoDraw 绘图工具能帮助使用者快速创作简单的视觉作品。使用者可以在画板上画草图,就算画得再糟糕,AI 也可以分辨出使用者画的内容,并自动绘制出对应的精美简笔画。例如访问 AutoDraw 网站,并在应用的画布中画一个汽车的轮廓,如图 2-39 所示。

人工智能机器
学习任务实施

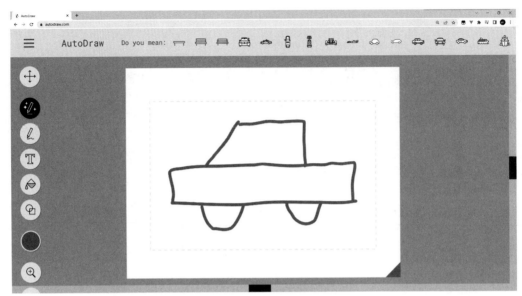

图 2-39　手绘草图

第二步,经过对绘画轮廓的采集可以看到画布的上方显示出了 AI 对于简笔画的猜测,猜测结果包括任务中的绘画目标汽车,如图 2-40 所示。

图 2-40　AI 猜测并提供的汽车简笔画

第三步,在汽车这个题材中 AutoDraw 提供了不同种类的汽车简笔画,如警车、轿车、赛车等,如图 2-41 所示。

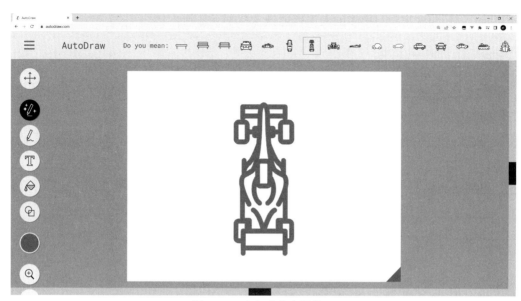

图 2-41 方程式赛车简笔画

第四步,除了汽车,AutoDraw 还提供了公园椅、轮船这两类简笔画,这是 AI 对用户所画的简笔画更加发散的猜测结果,如图 2-42 所示。

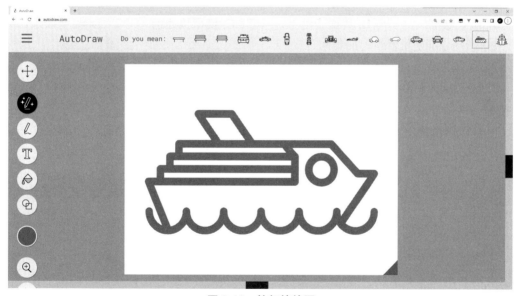

图 2-42 轮船简笔画

任 务 总 结

本次任务体验了基于循环神经网络 Sketch-RNN 项目开发的抽象绘图工具,了解了基于神经网络模型开发的简单应用是如何智能地识别人类的创作的,加深了对基于深度学习的产品的了解,为未来学习更多的人工智能技术打下了基础。

英语角

supervised	监督	reinforcement	强化
pooling	池化	convolution	卷积
subsampling	二次抽样	gaussian function	高斯函数
feature	特点	discriminator	判别器
generator	生成器	reconstructions	改造

任务习题

一、选择题

1.(　　)不是机器学习的流程之一。

A. 收集数据　　　　B. 数据建模　　　　C. 模型预处理　　　　D. 模型训练

2.(　　)不是机器学习的类别之一。

A. 监督学习　　　　B. 有源学习　　　　C. 无监督学习　　　　D. 强化学习

3.(　　)属于无监督学习类别。

A. 聚类　　　　　　B. 分类　　　　　　C. 回归　　　　　　　D. 决策树

4. 神经网络模型中不包含(　　)。

A. 输入层　　　　　B. 输出层　　　　　C. 偏置层　　　　　　D. 隐藏层

5.(多选)生成对抗网络由(　　)构成。

A. 生成器　　　　　B. 对抗节点　　　　C. 池化层　　　　　　D. 判别器

二、填空题

1. 卷积神经网络中的卷积层用于 _____ 。

2. 生成对抗网络由 _____ 和 _____ 构成。

3. 强化学习会设置激励机制,即如果机器行动正确,则施予一定的 _____ ;如果机器行动错误,则会给出一定的 _____ 。

4. 人工神经网络的偏置节点,也称作截距项,偏置节点可以控制人工神经网络的 _____ 。

5. 监督学习在训练阶段使用了 _____ 的数据。

三、简答题

1. 简述监督学习与无监督学习的区别。

2. 简述循环神经网络与传统神经网络的区别。

项目三 人工智能计算机视觉

● 了解计算机视觉的发展历史
● 熟悉计算机视觉的基本概念
● 掌握计算机视觉的主要任务
● 掌握计算机视觉的主要应用

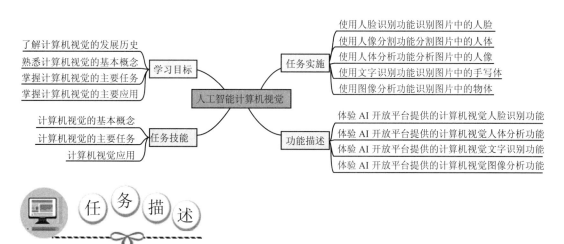

【情境导入】

随着人工智能领域的不断发展,研究人员期望计算机能够像人类一样,通过视觉系统来观察并分辨其所处环境下的物体种类、物体距离、物体动静,如此计算机就可以投身更多只有人类才能涉及的工作。于是,一些研究人员通过模拟人类视觉形成过程,开创了计算机视觉领域,该领域的研究内容是使计算机能够从图像、视频和其他视觉输入中获取有意义的信息,并根据该信息采取行动或提供建议。

📑【功能描述】

● 体验 AI 开放平台提供的计算机视觉人脸识别功能
● 体验 AI 开放平台提供的计算机视觉人体分析功能
● 体验 AI 开放平台提供的计算机视觉文字识别功能
● 体验 AI 开放平台提供的计算机视觉图像分析功能

技能点 1　计算机视觉的基本概念

人工智能计算机
视觉理论讲解

1.计算机视觉的发展历史

人对环境的认知超过 70% 来自视觉信息,视觉是人类获取信息最主要的渠道。近年来,互联网中照片和视频等多媒体资源的使用量呈爆发式增长,1970 年以来的互联网数据分布如图 3-1 所示。

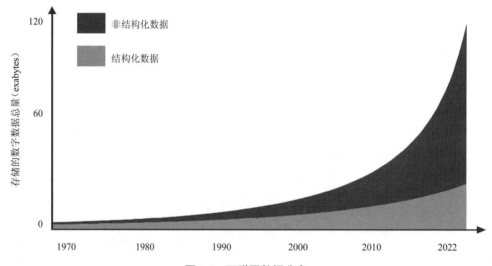

图 3-1　互联网数据分布

非结构化数据(图像、音频、视频等数据)在网络中总量的增长速度远超结构化数据(二维表结构表达和实现的数据),但计算机处理非结构化数据十分困难。因此在计算机视觉出现之前,图像对于计算机来说是一种类似黑盒的状态,计算机并不知道图片里的内容到底是什么,只知道这张图片的尺寸、大小和格式,在非结构化数据爆炸式增长的背景下,这显然不能满足人们对于图像数据处理的需求。

计算机视觉(Computer Vision,CV)的出现,就是为了研究如何让计算机拥有像人类那样"看图片"的技术,更准确地说,它是利用摄像机等图像传感器或光学传感器代替人眼,使以算法为核心构成的计算机视觉系统拥有类似于人类对目标进行感知、识别和理解的能力,是对生物视觉的一种模拟。计算机视觉以图像处理、信号处理、概率统计分析、计算几何、神经网络、机器学习和计算机信息处理等技术为基础,借助几何、物理和学习技术来构建模型,用统计的方法处理数据,使计算机具有通过二维图像认知三维环境信息的能力。

计算机视觉的萌芽可以追溯到 20 世纪 50 年代,并经过了以下几个阶段的发展,才逐渐形成现在的技术规模。

(1)20 世纪 50 年代,二维图像的分析和识别

1959 年,神经生理学家大卫•休伯尔和托斯登•威塞尔进行了猫的视觉实验,如图 3-2 所示。他们将电极放置在已被麻醉的猫的大脑的初级视觉皮层区域,并观察或至少试图观察该区域的神经元活动,同时向动物展示各种图像。但他们的第一次尝试毫无结果,无法让神经细胞对任何事物作出反应。

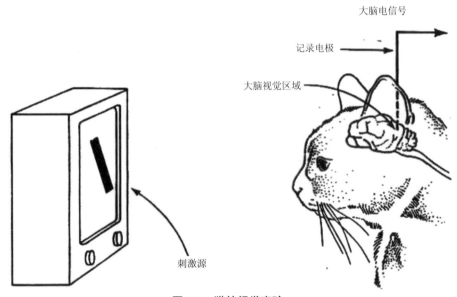

图 3-2 猫的视觉实验

然而在几个月后,研究者发现玻璃幻灯片锋利边缘的阴影所产生的线条运动可以使实验体的少量神经元被激活,并且通过实验确定了初级视觉皮层中存在着简单神经元和复杂神经元,而视觉处理总是从简单的结构开始。这些研究发现使得人们初次感受到了视觉功能柱结构,为视觉神经研究奠定了基础,并促进了计算机视觉技术的突破性发展。

同年,罗素•基尔和他的同事研制了一台可以把图片转化为灰度值的仪器,灰度值是一种可以被二进制机器所理解的数据,范围一般从 0 到 255,白色为 255,黑色为 0,该仪器是第一台数字图像扫描仪,这台机器的研制使数字图像处理成为可能。在第一批数字扫描的照片中,有一张是罗素的儿子幼年的图像,如图 3-3 所示。这只是一张 5 厘米 ×5 厘米的颗粒状照片,被拍成 30, 976 像素(176×176 阵列)。虽然看似粗糙,但它的历史意义十分重大,原始图像被存放在波特兰艺术博物馆。

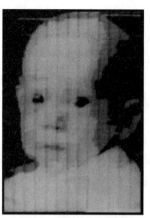

图 3-3　早期数字化图片

（2）20 世纪 60 年代，以三维视觉理解为目的进行研究

劳伦斯•罗伯茨于 1963 年发表了名为《三维实体的机器感知》的论文，在论文中，劳伦斯描述了从二维积木照片中推导出积木三维信息的过程，程序首先将积木的二维照片处理成线图，然后用这些线图建立起三维表示，最后去除所有隐藏的线后显示积木的三维结构，如图 3-4 所示。该论文被广泛认为是现代计算机视觉的先驱之一，它开创了以理解三维场景为目的的研究。

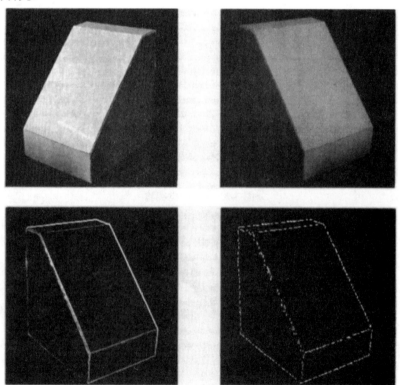

图 3-4　积木三维信息推导过程

在整个 20 世纪 60 年代，人工智能逐渐成为一门热门学科，相当一部分研究人员对该领域的未来极为乐观。在 1966 年，麻省理工学院（简称"麻省理工 MIT"），人工智能（简称

"AI")即 MITAI 实验室的西蒙•派珀特教授决定启动夏季视觉项目,他协调学生着手设计一个可以自动执行背景/前景分割,并从真实世界的图像中提取非重叠物体的平台。该项目虽然最后未获成功,但很多人认为这是计算机视觉作为一个科学领域正式诞生的标志。

1969 年秋天,贝尔实验室的两位科学家威拉德•博伊尔和乔治•史密斯研发了一种电荷耦合器件(CCD),该器件是一种可以将光子转化为电脉冲的工具,它很快成为高质量数字图像采集任务的得力助手,并逐渐应用于工业相机传感器,这标志着计算机视觉走上应用舞台并投入到工业机器视觉中。

(3)20 世纪 80 年代,独立学科形成,理论从实验室走向应用

1982 年,马尔•戴维发表了一篇十分具有影响力的论文《视觉:人类视觉信息表征和处理的计算机研究》。他认为视觉是分层次的,而视觉系统的主要功能是创建环境的三维表征,以便人们能够与之互动。马尔•戴维的工作在当时是极具开创性的,但它又是十分抽象和高层次的。因为它没有包含任何可用于人工视觉系统的数学建模的信息,也没有提到任何类型的学习过程。同年,《视觉》(*VISION*)一书的问世,标志着计算机视觉成为一门独立学科。

图 3-5　计算机视觉奠基之作《视觉》

大约在同一时间,一位日本计算机科学家福岛邦彦仿造生物视觉皮层,设计了一个自组织的人工神经网络(Neocognitron)。该神经网络部分实现了卷积神经网络中卷积层和池化层的功能,被认为是启发了卷积神经网络的开创性研究。

1989 年,法国科学家杨立昆将一种反向传播式的学习算法应用于卷积神经网络架构,并在几年的研究之后发布了第一个现代卷积网络——LeNet-5,它引入了一些今天仍然在卷积神经网络(CNN)中使用的基本要素。LeNet-5 主要被用于字符识别,杨立昆也基于它开

发了一个读取邮政编码的商业产品。

（4）20世纪90年代,特征对象识别开始成为重点

这一时期,很多研究人员开始将研究重点从创建物体的三维模型转到基于特征的物体识别。在这个时期,大卫·罗伊发表了《基于局部尺度不变特征（SIFT特征）的物体识别》一文,这篇论文描述了一个视觉识别系统,该系统使用对旋转、位置以及部分对光照变化不变的局部特征来对物体进行识别,如图3-6所示。

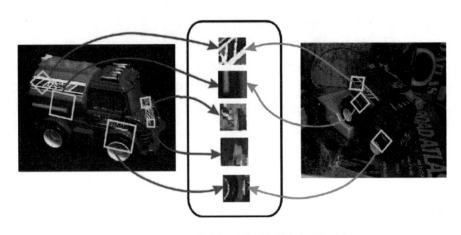

图3-6　大卫·罗伊文章中提到的局部特征识别示例

1999年,美国英伟达（NVIDIA）公司提出了GPU概念。GPU是专门为了执行复杂的数学和集合计算而设计的数据处理芯片。伴随着GPU的发展应用,游戏行业、图形设计行业、视频行业发展也随之加速,出现了越来越多高画质游戏、高清图像和视频。

（5）21世纪初,图像特征工程出现真正拥有标注的高质量数据集

2001年,推出了第一个可以实时工作的人脸检测框架,虽然该框架并非基于深度学习,但其算法仍然具有深刻的学习风格,因为在处理图像时,它是通过一些特征来帮助定位面部的。

随着计算机视觉领域的不断发展,业界迫切需要一个基准图像数据集和标准评估指标来比较研发模型的性能,于是在2006年,目标检测数据集（Pascal VOC）项目正式启动。该项目旨在为物体分类提供一个标准化的数据集,以及一套用于访问上述数据集和注释的工具。

同年杰弗里·辛顿（Geoffrey Hilton）和他的学生提出了用GPU来优化深度神经网络的工程方法并发表了论文,在他们的论文中首次提出了"深度信念网络"的概念。他给多层神经网络相关的学习方法赋予了一个新名词——"深度学习"。随后深度学习的研究大放异彩,广泛应用在图像处理和语音识别领域。

2009年,随着技术的进步,另一个重要的基于特征的模型——"可变形部件模型"（Deformable Part Model,DPM）被研究出来,它是深度学习之前最好、最成功的物体检测与识别算法。DPM在物体检测任务中表现出很好的性能,并击败了当时流行的模板匹配和其他物体检测方法。目前DPM已成为众多分类、分割、姿态估计等算法的核心部分,并成功地应用于检测行人,如图3-7所示。

图 3-7　DPM 算法示例

（6）2010 年至今，深度学习在视觉中流行，在应用上百花齐放

2010 年，世界上最大的图像识别数据库（ImageNet）大规模视觉识别竞赛（ILSVRC）举办了第一届比赛，并在之后的每一年都不曾间断。与 Pascal VOC 只有 20 个对象类别不同，最初的 ImageNet 数据集就包含了超过一百万张经过人工清理的图像，涉及 1000 个对象类别，该数据集在之后不断扩大，该竞赛已经成为大量物体类别分类和物体检测的基准。

在 2010 年和 2011 年，ILSVRC 的图像分类错误率徘徊在 26% 左右。但在 2012 年，多伦多大学的一个团队开发了一个卷积神经网络模型 AlexNet 来加入 ILSVRC，该模型的架构与杨立昆的 LeNet-5 相似，可以将识别错误率降至 16.4%。这是卷积神经网络发展史上的一个突破性时刻。

2019 年，中国机器视觉市场规模约为 65.5 亿元，2023 年将会达到 155.6 亿元，机器视觉的设备和解决方案层出不穷，嵌入式视觉、3D 成像系统、视觉引导机器人等应用将会融入日常生活，提高人们的生活品质，也会引领机器视觉发展达到一个新的高度。

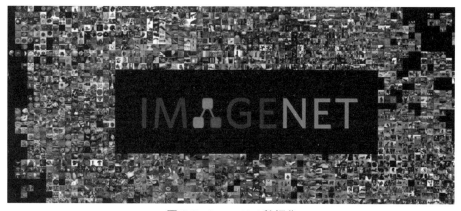

图 3-8　ImageNet 数据集

2. 计算机视觉的基本介绍

基于深度学习模型强大的表示能力,加之数据量的积累和计算力的进步,计算机视觉已成为目前机器视觉的热点研究方向。基于深度学习的计算机视觉方法的原理跟人类大脑工作的原理比较相似,人眼在看到图像后,会发送视觉信号到大脑,经由大脑皮层的边缘探测部分发现图像的边界和方向,再由大脑皮层的原始形状探测部分确定图像的形状,最后由更高层次的视觉抽象部分判定出该图像的全部信息。

模拟人类大脑的基于深度学习的计算机视觉原理如图 3-9 所示,首先从原始信号的摄入开始,摄入的信号转换为像素图像,接着做初步处理进行边缘判定,然后进一步将边缘组合成图像的一部分,最后通过不断的抽象来分析判别目标。

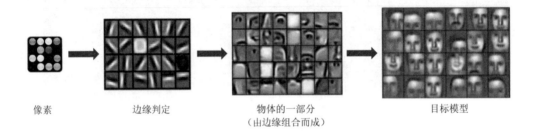

像素　　　　　　边缘判定　　　　　　物体的一部分　　　　　　目标模型
　　　　　　　　　　　　　　　　　　（由边缘组合而成）

图 3-9　计算机视觉

根据上述原理,研究人员将基于深度学习的计算机视觉的方法归纳为以下内容:构造多层的神经网络,较低层的识别初级的图像特征,若干底层特征组成更上一层特征,最终通过多个层级的组合,在顶层作出分类。

计算机视觉的处理流程一般分为 4 个阶段,分别是图像采集、图像编码、图像预处理和特征工程阶段,每个阶段的作用如下。

（1）图像采集

根据需要识别的业务需求,例如来源图像的背景光线、噪声、距离、遮挡物等,为计算机视觉提供数据输入来源。

（2）图像编码

对输入图像的二进制数据进行编码,将其转换为计算机视觉算法模型可用的图片编码格式,常用的方法有模拟处理、数字编码、预测码等。

（3）图像预处理

在实际的业务场景中,输入来源的图像数据非常复杂且多样,常常会有图像质量太差、出现大量无效数据、图像变形失真等情况,图像预处理阶段的各个步骤就是为了剔除无效信息、修复瑕疵图像,并对有效数据进行一定的处理,以便后续的特征工程阶段使用。图像预处理过程的常用方法如表 3-1 所示。

表 3-1 图像预处理过程的常用方法

预处理方法	方法说明
灰度化	图像处理中不一定需要对彩色图像的 RGB 三个分量都进行处理,所以为了减小图像原始数据量,提升计算效率,将彩色图像通过直方图、灰度变化、正交变换等方法处理成 8 位的灰度值图像
图像几何变换	通过平移、转置、镜像、旋转、缩放等几何变换对图像进行处理,使图像尽可能地消除因几何失真产生的负面影响,用于校正图像采集系统的系统误差和仪器位置(成像角度、透视关系乃至镜头自身原因)的随机误差
灰度插值	在图像进行几何变换时会对图像的像素值重新进行映射,变换后的输出图像像素可能被映射到输入图像的非整数坐标上,灰度插值可以为输出图像找到最合适的整数像素坐标。常用的插值法有最近邻插值、双线性插值和双三次插值等
图像恢复	对图像进行重建或逆处理,通过面向退化模型,采用相反的过程进行处理以恢复原图像,比如去除马赛克等
图像增强	增强图像中的有用信息,该过程可以是一个失真的过程,其目的是针对给定图像的应用场合,来改善图像的视觉效果,使图像更适合于人或者机器分析处理,一般来说要先进行图像恢复再进行图像增强,二者的处理顺序不可倒置
边缘检测	通过对图像的梯度化,将图像中梯度变化明显的地方检测出来,该方法针对的是图像的边缘信息
图像分割	将图像分解成一些具有某种特征的单元,使其成为图像的基元,相对于整幅图像来说,被分割后的图像基元更容易被快速处理

(4)特征工程

该阶段会使用人工智能模型对数据进行处理,处理过程如图 3-10 所示,该过程中可能会用到一种或多种人工智能模型,一般会根据业务的需求来选择对应的算法模型,并提前针对需要的输出结果进行特征预处理、特征提取、特征选择等工作,再用大量已标注好的高质量数据进行训练,以输出可以满足业务识别需求的特征工程。

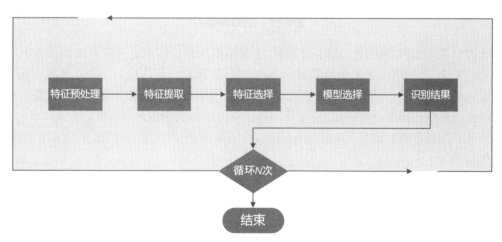

图 3-10 特征工程流程图

技能点 2　计算机视觉的主要任务

1. 图像分类

图像分类是根据不同类别的目标在图像信息中所反映的不同特征,将它们区分开来的图像处理方法,是计算机视觉中最重要的基础问题之一。图像分类算法可以对图像进行定量分析,把图像或其中的每个像素或区域划分为若干个类别中的某一种,以代替人的视觉判断。

对于人类来说,依靠常年生活学习的经验判断图像的类别是一件很容易的事情,但是计算机并不能像人类那样获得图像的语义信息。计算机能看到的只是一个个像素的数值,对于一张 RGB 图像,计算机看到的就是一个矩阵,也可以称之为张量(高维的矩阵),如图3-11 所示。

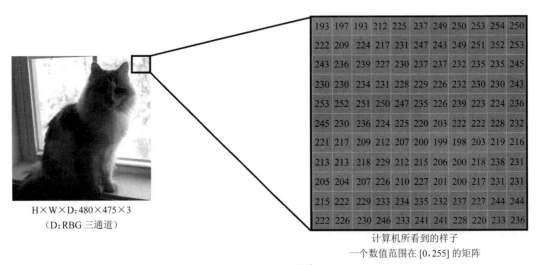

图 3-11　RBG 图像

图像分类的目的是寻找一个函数关系,这个函数关系能够将这些像素的数值映射为一个具体的类别,类别可以用某个数值表示。也就是说,图像分类的核心任务是分析一张输入的图像并得到一个给图像分类的标签,该标签来自预定义的可能类别集。实现图像分类功能可以使用传统的图像分类算法,或者使用基于深度学习的图像分类算法。

传统的图像分类算法包括底层特征提取、特征编码、空间约束、分类器分类等四个阶段,如图 3-12 所示。

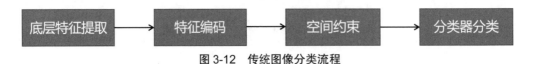

图 3-12　传统图像分类流程

第一阶段:底层特征提取通常是从图像中提取大量局部特征描述。也可以采用多种特征描述,以防止丢失过多的有用信息。

第二阶段:为了提高特征表达的健壮性,需要使用一种特征转换算法对第一阶段中提取的特征描述进行编码,该过程称作特征编码。

第三阶段:经过特征编码后需要对特征编码取最大值或平均值,以此来获得不变形的特征表达,这被称为空间约束。金字塔特征匹配是一种常用的空间约束方法,这种方法提出将图像均匀分块,并在分块内做空间约束。

第四阶段:经过前序操作后,图像就可以用一个固定维度的向量进行描述,并通过分类器对图像进行分类。其中支持向量机是使用最为广泛的分类器,在传统图像分类任务上其性能很好。

基于深度学习的图像分类算法的基本思想是通过有监督或者无监督的方式学习层次化的特征表达,来对物体进行从底层到高层的描述。主流的深度学习模型包括自动编码器、受限波尔兹曼机、深度信念网络、卷积神经网络、生物启发式模型等。目前较为流行的图像分类算法是卷积神经网络,卷积神经网络进行图像分类的过程如图 3-13 所示。

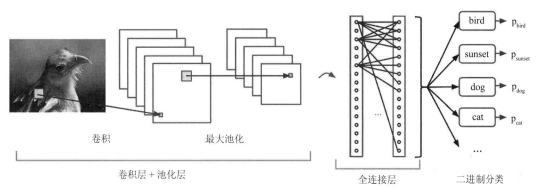

图 3-13　卷积神经网络进行图像分类

首先将图像输入到卷积神经网络中,卷积神经网络不会一次性解析所有数据,比如输入一个大小为 100×100 的图像,计算机并不需要创建一个有 10000 个节点的网络层。相反,计算机只需要创建一个大小为 10×10 的扫描输入层,扫描图像的前 10×10 个像素,然后扫描层向右移动,开始扫描下一个 10×10 的像素,这种扫描技术被称为滑动窗口。扫描出的输入数据被送入卷积层与池化层中进行处理,处理过的数据输入全连接层,得到想要的数据,最后进行二进制分类。

2. 目标检测

目标检测的任务是在图像中找出所有感兴趣的目标(物体),并确定它们的位置和大小,这是计算机视觉领域的核心问题之一。图像分类任务关心整体,给出的是整张图像的内容描述;而目标检测关注特定的物体目标,要求同时获得该目标的类别信息和位置信息。相比于图像分类,目标检测给出的是对图像前景和背景的理解,算法需要从背景中分离出感兴趣的目标,并确定这一目标的描述(类别和位置)。因此,目标检测模型的输出是一个列表,列表的每一项使用一个数据组给出目标的类别和位置(常用矩形检测框的坐标表示)。

目标检测需要解决目标可能出现在图像的任何位置、目标有不同的大小以及目标可能有不同的形状这 3 个核心问题。目标检测示例如图 3-14 所示。

图 3-14　目标检测示例

传统的目标检测框架,主要包括三个步骤。

①利用不同尺寸的滑动窗口框住图中的某一部分作为候选区域。

②提取候选区域相关的视觉特征。

③利用分类器进行识别。

目前,目标检测领域的深度学习方法主要分为两类:两阶段目标检测算法和一阶段目标检测算法。两阶段目标检测算法要先由算法生成一系列作为样本的候选框,再通过卷积神经网络进行样本分类。一阶段目标检测算法不需要产生候选框,直接将目标框定位的问题转化为回归问题处理。基于候选区域的两阶段目标检测算法在检测准确率和定位精度上占优,基于端到端的一阶段目标检测算法在速度上占优。

3. 目标跟踪

目标跟踪,是指在特定场景跟踪某一个或多个特定感兴趣对象的过程,如图 3-15 所示。其传统应用就是视频和真实世界的交互,在检测到初始对象之后进行观察。

根据观察模型,目标跟踪算法可分为生成算法和判别算法。生成算法使用生成模型来描述表观特征,并将重建误差最小化来搜索目标,如主成分分析算法。判别算法用来区分物体和背景,其性能更稳健,并逐渐成为跟踪对象的主要手段。

为了通过检测实现跟踪,计算机需检测所有帧的候选对象,并使用深度学习从候选对象中识别想要的对象。

图 3-15　目标跟踪示例

4. 图像分割

图像分割指利用图像的灰度、颜色、纹理、形状等特征,把图像分成若干个互不重叠的区域,并使这些特征在同一区域内呈现相似性,在不同的区域之间存在明显的差异性。之后,可以将分割的图像中具有独特性质的区域提取出来用于不同的研究。简单地说,图像分割就是在一幅图像中,把目标从背景中分离出来。

图像分割可以看作把图像分成若干个无重叠的子区域的过程,即假设 R 是整个要分割的图像区域,将此区域分成 n 个区域 R_1、R_2、R_3、$\cdots$、R_n 的过程就是图像分割,如图 3-16 所示。其中,R_1、R_2、R_3、$\cdots$、R_n 这些子区域需满足图像中任意一部分都要分割到某个子区域中、任意两个子区域不会重叠、子区域中的任意两个像素点能连通、所有子区域中的像素点都符合一种特点、任意相邻子区域中没有相同之处这 5 个要求。图像分割有两种分割方式,分别是语义分割和实例分割。

图 3-16　图像分割

（1）语义分割

语义并不是指常规生活中的语言含义,而是图像处理的专业术语。语义分割是指在语义上理解图像中每个像素的角色,如图 3-17 所示,除了识别行人、道路、汽车、树木等之外,语义分割还必须确定每个物体的边界。因此,与图像分类不同,语义分割需要用模型对密集的像素进行预测。

图 3-17　语义分割

目前流行的语义分割算法是全卷积网络(FCN),该算法提出了端到端的卷积神经网络体系结构,可以在没有任何全连接层的情况下进行密集预测。它允许针对任何尺寸的图像生成分割映射,并且比块分类算法快得多,几乎后续所有的语义分割算法都采用了这种范式。

（2）实例分割

图像实例分割是目标检测和语义分割的结合,它在对象检测的基础上进一步细化,分离对象的前景与背景,实现像素级别的对象分离。相对目标检测的边界框,实例分割可精确到物体的边缘;相对语义分割,实例分割需要标注出图上同一种物体的不同个体,如图 3-18 所示。图像实例分割在目标检测、人脸检测、表情识别、医学图像处理与疾病辅助诊断、视频监控与对象跟踪、零售场景的货架空缺识别等场景下均有应用。

图 3-18　实例分割

技能点 3　计算机视觉的应用

1. 智慧医疗领域的应用

在现代医疗体系中,医生执行复杂治疗过程中的每个行为步骤,都依赖于大量的快速思考和决策。近年来,随着医学图像采集技术显著改善,医疗设备可以使用更快的影像帧率、更高的影像分辨率和更可靠的通信技术,实时采集大量的医学影像和传感器数据。计算机视觉借助机器学习,应用专业医师丰富的医学知识,进行医学领域的特征工程提取,就可以对医学影像和传感器数据做出高准确率的医学判断。由此,计算机视觉成为现代医疗辅助技术,它将从两个层面对现代医疗产生深刻影响:

对于临床医生,计算机视觉技术能帮助其更快速、更准确地进行诊断、分析工作;

对于卫生系统,计算机视觉技术通过人工智能的方式能改善其工作流程、减少医疗差错。

面向疾病预防的病变检查,包括有无病变、病理类型,是健康检查的基本任务。基于计算机视觉的病变检测,是计算机视觉技术在临床医学领域应用中的重大体现,并且非常适合引入深度学习。在基于计算机的病变检测方法中,一般通过监督学习方法或经典图像处理技术(如过滤和数学形态学),计算并且提取身体部位或器官在健康状态下的特征工程。其中,基于监督学习的机器学习方法所使用的训练数据样本,需要专业医师提供全面的病理影像,并进行手工标注。特征工程计算过程产生的分类器,将特征向量映射到候选者来检测实际病变的概率。

而使用深度学习技术的计算机视觉在病变检测方面更是产生了大量研究成果,例如DeepGestalt 算法能够提高识别罕见遗传综合征的准确率,在进行试验的 502 张不同的图像中,其正确识别的准确率达到了 91%;而基于卷积神经网络的人工智能能够识别心室功能障碍患者,研究团队在 52 870 名患者身上测试了该神经网络,结果显示,其灵敏度、特异性和准确度分别达到了 86.3%、85.7% 和 85.7%。在小目标检测领域,计算机视觉甚至能在 512×512 像素大小的眼底图像上进行诊断,如图 3-19 所示的渗出物病变区域的宽度(高度)一般在 30~50 像素。而微血管瘤就更小了,宽度(高度)一般在 10~20 像素。

2. 公共安全领域的应用

计算机视觉技术在公共安全领域有广泛的应用,尤其是用于在数字图像中查找和识别人脸的人脸检测技术,作为构建立体化、现代化社会治安防控体系的重要抓手和技术突破点,在当前的安防领域中具有重要应用价值。近十年来,街道摄像头等视觉传感器的普及为智能安防提供了硬件基础与数据基础,为深度学习算法提供了大量的训练数据,从而大幅提升了人脸检测的技术水平。现在人脸检测已经作为安全领域许多关键应用程序的第一步发挥着重要作用,人脸检测的关键技术包括面部跟踪、面部分析和面部识别等。人脸检测技术如图 3-20 所示。

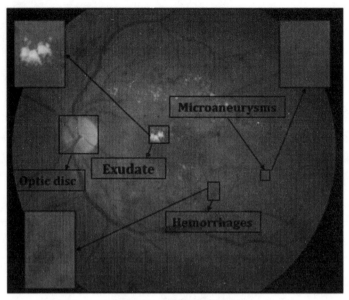

图 3-19　眼底图像诊断

图 3-20　人脸检测技术

　　人脸检测应用程序使用深度学习算法在较大图像中查找人脸,这些图像通常包含其他非人脸对象,如风景、建筑物和其他人体部位(如躯干、四肢)。人脸检测算法通常从搜索人眼开始,因为这是人面部中最容易检测的特征之一。接着它可能会尝试检测眉毛、嘴巴、鼻子、鼻孔和虹膜,一旦得出结论已经找到了一个面部区域,它就会用额外的测试来确认它实际上已经检测到的这张脸。为了确保准确性,人脸检测算法一般需要在包含数十万正负图像的大型数据集上进行训练,以提高其确定图像中是否有人脸及判断其位置的能力。人脸检测中使用的方法可以是基于知识的、基于特征的、基于模板匹配的或基于外观的。每种方法都有其优点和缺点。

①基于知识或基于规则的方法根据规则描述人脸,这种方法的挑战在于难以提出明确定义的规则。

②基于特征的方法,使用人的眼睛或鼻子等特征来检测面部,可能会受到光线等负面影响。

③模板匹配方法基于将图像与先前存储的标准面部图案或特征进行比较,并将两者相关联以检测面部。但这种方式不能解决姿势、比例和形状的变化问题。

④基于外观的方法采用统计分析和机器学习来寻找人脸图像的相关特征。

面部检测中使用的一些更具体的技术如下。

①去除背景,如图像具有纯色单色背景或预定义的静态背景,则移除背景有助于显示面部边界。

②在彩色图像中通过肤色来寻找人脸,该技术并不适用于所有肤色。

③使用运动来查找面孔。在实时视频中,人脸几乎总是在移动,因此使用这种方法的用户必须计算移动区域,这种方法的一个缺点是存在与背景中移动的其他物体相混淆的风险。

上述策略的组合可以提供一个全面的人脸检测方法,目前的人脸检测技术可以有效改善安防监控工作并有助于追踪犯罪嫌疑人,保障和增强公共场合的安全。而且人脸检测技术易于集成,大多数解决方案兼容市面上的各种安全软件。国内多家人脸识别产品已经被公安部门用于安防领域。完整的人脸检测系统包括人脸识别、人脸配准、人脸匹配、人脸属性分析等模块,其主要应用包括静态人脸识别、动态人脸识别、视频结构化等。例如,1:1比对的身份认证,相当于静态环境下的人脸验证任务,用于对输入图像与指定图像进行匹配,已经成熟应用于人脸解锁、身份验证等场景。在2008年北京奥运会期间,人脸识别技术作为国家级项目投入使用,在奥运会历史上第一次使用该项技术保障开、闭幕式安检的安全通畅。

动态人脸识别技术则是先通过摄像头等视觉传感设备在视频流中获得动态的多张人脸图像,再从数据库中的大量图像中找到相似度最高的人脸图像,如图3-21所示,其广泛用于人群密集场所当中的布控,可协助安全部门进行可疑人口排查、逃犯抓捕等情报研判任务。

图 3-21　动态人脸识别系统

视频结构化则是面向人、车、物等对象,从视频流中抽象出对象的属性,如人员的体貌特征、车辆的外形特征等,如图 3-22 所示。它是打击违法犯罪活动、建设平安城市的重要技术。

图 3-22　视频结构化分析系统

但随着人脸识别的爆发式应用和发展,许多随之而生的问题也亟待解决,其中最主要的问题有以下三点。

①人脸检测中使用的深度学习算法技术需要强大的数据存储,并非所有用户都可以使用。

②检测易受干扰。虽然人脸检测比手动识别的结果更准确,但它也更容易被外观或相机角度的变化所干扰。

③潜在的隐私泄露。人脸检测技术能够协助公安部门追踪犯罪嫌疑人。 然而,由于开发门槛不高,该技术的使用也存在隐私泄露问题,必须制定严格的法规,以确保该技术的使用符合人的隐私权。

3. 无人机与自动驾驶领域的应用

无人机与自动驾驶行业的兴起,让计算机视觉在这些领域的应用成为近年来的研究热点。以无人机为例,简单至航拍,复杂至救援救灾和空中加油等,都需要高精度的视觉信号以保障决策与行动的可靠性。在无人机的核心导航系统中,很重要的一个子系统就是视觉系统,通过单摄像头、双摄像头、三摄像头甚至全方向的摄像头布置,视觉系统能克服传统方法的限制与缺点;而结合 SLAM、VO 等技术,应用深度学习算法,能够提高位姿估计、高度探测、地标跟踪、边缘检测、视觉测距、障碍检测与规避、定位与导航等任务的精度。 从外界获取的信号与无人机飞控系统的视觉系统形成闭环,能提高飞行器的稳定性。目前,商用的无人机已被广泛地应用于活动拍摄、编队表演、交通检测乃至载人飞行等领域,如图 3-23 为无人机基于计算机视觉算法的物体跟拍功能。

图 3-23 无人机跟拍功能

计算机视觉软硬件技术的发展加速了自动驾驶技术的发展。特别是在摄像头普及,激光雷达、毫米波雷达、360°大视场光学成像、多光谱成像等视觉传感器配套跟进的条件下,配合卷积神经网络,基于计算机视觉系统的目标识别系统能够观测交通环境。如图 3-24 所示,从实时视频信号中自动识别出目标,为自动驾驶的起步、加速、制动、车道线跟踪、换道、避撞、停车等操作提供判别依据。

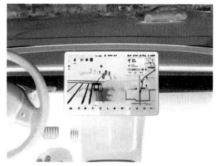

图 3-24 自动驾驶中识别交通环境

4. 工业领域的应用

计算机视觉在工业领域也有着极为重要的应用,近年来,随着工业 4.0 的大力发展,工业生产过程不断向着全自动化、数字化过渡,该过程需要有智能系统实时控制,同时不断与环境进行交互。实施工业 4.0 的前提条件是安装传感器,收集有关过程的数据并进行分析。摄像机是最好的传感器之一,计算机视觉系统可以获取真实对象的视觉表示,并对其进行分析以解决各种实际应用任务,如生产质量检测、工业机器人生产、物流机器人配送等。

在生产质量检测中,人工视觉检查的结果很大程度上取决于操作员的能力、经验和专注程度。这个相当费力的过程会导致遗漏或分类错误等问题。为了减少人的影响,提高质量控制过程的准确性和可靠性,可以采用计算机视觉系统进行半成品的控制和成品的检查。借助神经网络,能够检测出 92％～99％的有缺陷的产品,误报率只有 3%~4％,如图 3-25 所示。对于这样的性能比率,计算机视觉完全可以代替人力。

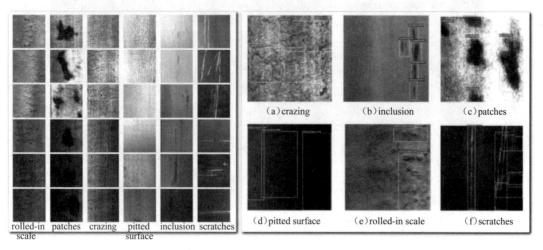

图 3-25   计算机视觉检查工业产品品质

在过去的几十年中,工业机器人在许多生产流程中取代了人类的体力劳动,为了适配更多的生产过程,工业机器人不断吸纳新技术进行升级。配备手眼系统的现代机器人和协作机器人可以使用抓斗或真空杯来重新放置对象,如图 3-26 所示。它们可执行喷漆、弯线、点焊等常规工业操作任务,这些任务的特点是工件的位置变化很大。计算机视觉系统可以通过分析 3D 摄像机的视频流以及激光和传感器数据来考虑对象的位置,使机器人几乎可以在任何条件下高精度地执行任务。

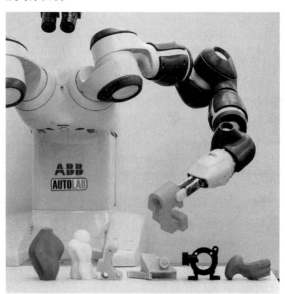

图 3-26   配备手眼系统的机器人

　　配备计算机视觉系统的机器人只需在启动之前进行少量的编程,就可以达到长期使用的目的,还可以在几乎没有停机的情况下通过预配置无缝切换任务。因此机器人无须知道零件的确切参数即可有效地完成工作,机器人的适应性使它们可以选择所需的零件,对其进行本地化并从任何位置进行分级。

　　随着电子商务的发展,物流业已成为一个新兴的机器人领域。它们主要被应用于电商公司的大型仓库中,如图 3-27 所示。物流机器人可以运输重达 15 千克的货物,在困难的条件下航行并在人与人之间有效地机动。自主移动机器人可以在不支持标记、电线、磁铁或精确定位目标等基础设施的情况下工作。它们提高了生产效率并降低了成本,因此成为生产环境的重要组成部分。仓库机器人使亚马逊公司将每个仓库的运营成本降低约 20%(每年节省约 2200 万美元)。根据麦肯锡全球研究所(MGI)的评估,各种操作自动化的投入使用,使整个行业节省的成本可能在 15% 到 90% 之间。

图 3-27　亚马逊的仓库机器人

　　腾讯云 AI 开放平台提供了多种计算机视觉实际应用来供用户体验,包括人脸识别、人体分析、文字识别、图像分析等。

　　(1)人脸识别

　　第一步,打开腾讯云 AI 体验平台,选择人脸识别功能进行使用体验,如图 3-28 所示。

人工智能计算机
视觉任务实施

　　第二步,人脸识别界面提供了包括人脸检测与分析、五官定位、人脸比对等多种功能,这些功能被广泛应用于在线娱乐、在线身份认证等多种场景。在人脸检测与分析功能中,可通过上传本地图片的方式,使计算机视觉检测上传图片中的人脸,如图 3-29 所示。

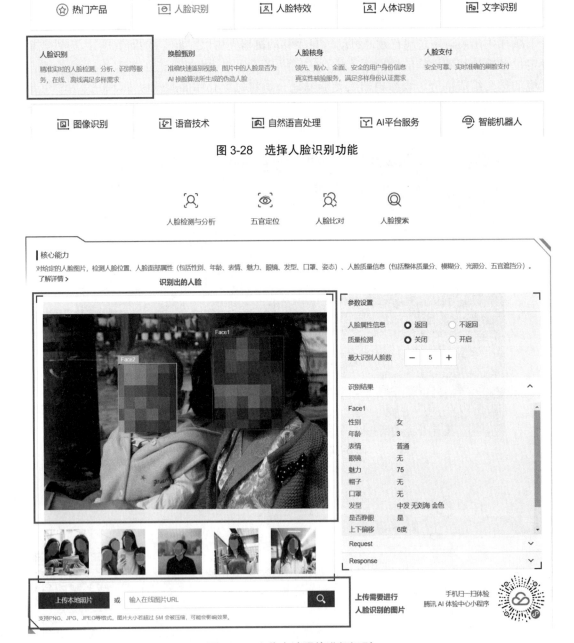

图 3-28　选择人脸识别功能

图 3-29　上传本地照片进行识别

（2）人体分析

第一步,在腾讯云 AI 体验平台选择人体分析功能进行使用体验,如图 3-30 所示。

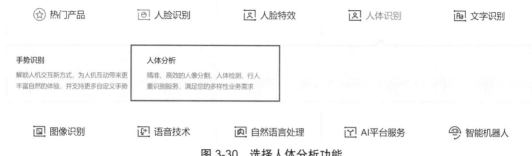

图 3-30　选择人体分析功能

　　第二步,人体分析界面提供了人像分割、人体检测与属性分析、人体搜索等服务。其中人像分割功能应用了图像分割技术,可以支持识别图片或视频中的半身人体轮廓,并将其与背景进行分离。人体检测功能应用目标检测技术,可以识别行人的穿着、体态等属性信息,可应用于人像抠图、背景特效、人群密度检测等场景。在人像分析功能页面上传带有人体半身像的本地照片,可在线对其进行人像分离,对于上传的图片可以点击原始图像按钮进行浏览,如图3-31 所示。

图 3-31　上传本地照片进行人体分析

第三步，点击分割结果可以查看上传照片的人像分离效果，如图 3-32 所示，可以看到照片中的人体半身像被 AI 完美地与背景进行了分割。

图 3-32　人像分割结果

第四步，在人体检测与属性分析页面中，可以上传带有人体的照片，AI 会使用目标检测功能来对照片中的所有人体进行框选并分别进行分析，分析结果包含每个人体在图像中的位置、年龄、性别等信息，如图 3-33 所示，该功能也是安防领域中最常用的功能。

图 3-33　人体检测与分析

（3）文字识别

第一步，在腾讯云 AI 体验平台选择文字识别功能进行使用体验，如图 3-34 所示。

图 3-34　选择文字识别功能

第二步，文字识别页面提供了通用文字识别、卡证文字识别、票据单据识别、汽车相关识别、行业文档识别、智能扫码等功能。每项功能还细分了不同内容的识别方式，如通用文字识别功能中,可以识别通用印刷体、通用手写体、英文等项目。这些不同种类的识别是通过不同的视觉 AI 算法使用该种类的数据集进行深度学习来实现的。

　　选择通用手写体识别,如图 3-35 所示,在该功能页面中上传带有手写汉字的图片,视觉 AI 即可识别出图片中的文字并显示结果。

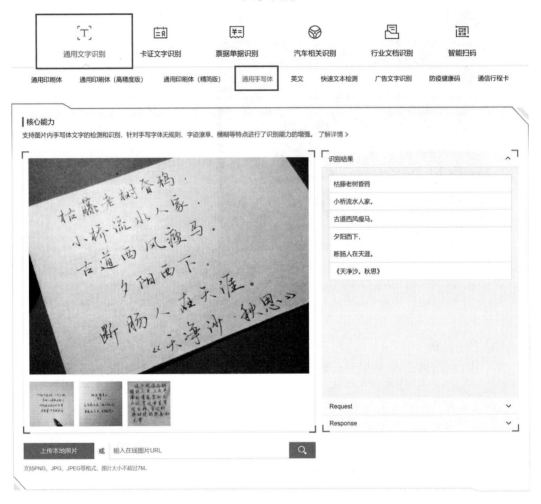

图 3-35　手写体识别

（4）图像分析

　　第一步,在腾讯云 AI 体验平台选择图像分析功能进行使用体验,如图 3-36 所示。

图 3-36　选择图像分析功能

　　第二步,图像分析界面提供了图像理解、图像处理、图像质量检测三个功能,通过上传本地图片和使用网络图片 URL 两种模式进行使用,上传本地图片,可以在识别结果处看到 AI 对该图片中物体的分析结果,其中图像分析功能。

图 3-37　图像标签识别结果

本次任务体验了腾讯云 AI 开放平台提供的多种计算机视觉实际应用,熟悉了计算机视觉的各种实用性功能,加深了对计算机视觉技术的了解,更好地理解了人工智能的发展对于人类社会的深远影响。

vision	视觉	stimulus	刺激
recording electrode	引导电极	electrical signal	电信号
original	起初的	deformable	可变形的
pixels	像素	combination	联合体
primitive shape detectors		原始形状检测器	
capture	捕获		

一、选择题

1.(　　)不是计算机视觉的处理阶段。

A. 图像采集　　　　B. 图像分析　　　　C. 图像编码　　　　D. 特征工程

2.(　　)不是图像预处理方法。

A. 灰度化　　　　B. 图像几何变换　　　　C. 色阶平衡　　　　D. 边缘检测

3. 特征工程中不包含(　　)。

A. 模型选择　　　　B. 特征预处理　　　　C. 特征选择　　　　D. 特征采集

4.(　　)不是传统的图像分类算法的处理阶段。

A. 底层特征提取　　　　B. 特征编码　　　　C. 特征约束　　　　D. 分类器分类

5.(　　)不是目前人脸识别功能存在的问题。

A. 计算能力存在瓶颈　　　　　　　　B. 存在隐私泄露隐患

C. 检测易受干扰　　　　　　　　　　D. 使用门槛高

二、填空题

1. 图像分类是根据不同类别的目标在图像信息中所反映的_____,将它们区分开来的图像处理方法。

2. 目标检测关注特定的物体目标，要求同时获得该目标的 _____ 和 _____。

3. 目标跟踪算法可分为两类，分别是 _____ 和 _____。

4. 图像实例分割是目标检测和语义分割的结合，它在对象检测的基础上进一步细化，分离对象的 _____ 与 _____，实现像素级别的对象分离。

5. 语义分割需要用模型对 _____ 进行预测。

三、简答题

1. 简述计算机视觉的处理流程，并说明每个阶段的作用。

2. 简述传统的目标检测框架的执行步骤。

项目四　自然语言处理技术

- 了解自然语言处理的基本概念
- 熟悉自然语言的处理原理
- 掌握语音处理的方式
- 培养使用智能助理的能力

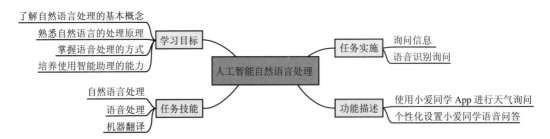

【情境导入】

随着人工智能技术的不断革新，人工智能的应用领域也越来越多，并且已经慢慢融入人们的日常生活中。在一些公共场合，智能语音助理向人们提供提示、引导服务。移动设备端也有智能助理功能，如地图导航、附近地区搜索等。随着科技的不断发展，智能设备越来越多地出现在人们身边,改变着人们的生活。本项目通过对小爱同学智能助理的使用,使学生了解如何使用智能助理。

【功能描述】

● 使用小爱同学 APP 进行天气询问
● 个性化设置小爱同学语音问答

技能点 1　自然语言处理

1. 什么是自然语言

自然语言通常是一种自然地随文化演化的语言,如汉语、英语、日语等。自然语言是人类交流沟通的主要工具。人们的交往离不开语言,尽管也可以通过图片、动作、表情等传递人们的想法,但是语言是其中最重要的、也是最方便的媒介。世界各地的人们所用的语言各不相同,彼此间直接交谈是困难的,甚至是不可能的。即使是同一种语言,也有不同的方言,它们也是有差别的,俗话说的"十里不同音"就是这个意思。图 4-1 表现的是因语言差异导致右侧男士将冰山理解成了冰块。

图 4-1　人的沟通

自然语言的三要素是语音、语法和词汇,语言是由词汇按一定的语法所构成的语音表义系统。根据语言的要素特征和起源关系,把世界上的语言分成不同语系,每个语系包括数量不等的语种,这些语系与语种都有一定的地域分布,不同的语言在发展过程中也在不断借鉴融合。图 4-2 所示为"你好"在不同语言中的表达。

图 4-2　"你好"在不同语言中的表达

自然语言是思维工具和交际工具,它同思维有密切的联系,是思维的载体和物质外壳以及表现形式。语言是指令系统,以声音、符号为物质外壳,以语义内涵为意义内容。如何让机器理解以及表达出人类的自然语言,是开发人工智能过程中需要解决的问题。

2. 自然语言处理基本概念

自然语言处理(Natural Language Processing, NLP),是人工智能开发领域的一个重要研究方向,它研究能实现人与计算机之间使用自然语言进行有效通信的各种理论和方法。自然语言处理是融合了语言学、计算机科学、数学等的交叉科学。其实质是在计算机科学与人工智能融合发展的背景下形成的一种信息处理技术。

实现人机间自然语言通信意味着要使计算机既能理解自然语言文本的意义,也能以自然语言文本来表达给定的意图、思想等。前者称为自然语言理解,后者称为自然语言生成。因此,自然语言处理大体包括了自然语言理解和自然语言生成两个部分。

自然语言理解是所有支持机器理解文本内容方法的总称,是推荐、问答、搜索等系统的必备模块。

自然语言生成是研究使计算机具有像人类一样的表达和写作的功能,能够根据一些关键信息以及机器内部的表达形式,经过一个具体的规划过程,自动生成一段高质量的自然语言文本。

使用人类的语言来控制计算机,与计算机进行通信,是人们长久以来的追求,有十分重要的意义。如果人们可以随意使用语言来与计算机进行对话,并且计算机能够正确理解人们语言的含义,同时能够作出正确的判断和行为,那么人们就可以不必花费大量的时间和精力去学习机器语言。

为了实现这一美好的愿景,世界各国纷纷展开了对于自然语言处理的研究,其大致经历了萌芽阶段、快速发展阶段、低速发展期和复苏融合期 4 个阶段。如图 4-3 所示。

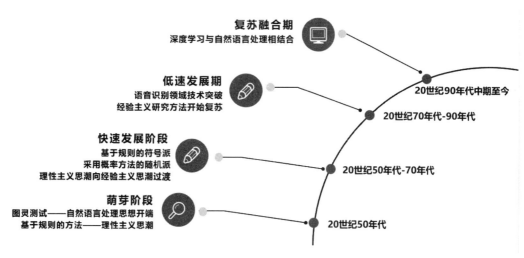

图 4-3　自然语言处理发展阶段

（1）萌芽阶段

1956 年以前，自然语言处理处于基础研究阶段。

1950 年，计算机科学之父阿兰•图灵发表了一篇划时代的论文，文中预言了创造出具有真正智能的机器的可能性。由于来自机器翻译的社会需求，这一时期也进行了许多自然语言处理的基础研究。克劳德•艾尔伍德•香农（图 4-4），把离散马尔可夫过程的概率模型应用于描述语言的自动机，并将热力学中"熵"（entropy）的概念引入语言处理的概率算法中。

图 4-4　克劳德•艾尔伍德•香农

20 世纪 50 年代初，研究了有限自动机和正则表达式。1956 年，科学家们又提出了上下文无关语法，并把它运用到自然语言处理中。这一系列颠覆性的研究成果在学术界引发轰动,激发了人工智能的思潮,同时也催生了自然语言处理和计算机技术的发展。理性主义思潮开始流行。

（2）快速发展阶段

自然语言处理在1957—1970年进入了快速发展期。在初步探索阶段自然语言处理有基于规则和基于概率这两种不同的方法,所以自然语言处理的研究在这一时期分为了两大阵营:一个是采用基于规则方法的符号派,另一个是采用概率方法的随机派。

在这一快速发展时期,两种方法的研究都取得了长足的发展。从20世纪50年代中期开始到60年代中期,符号派开启了形式语言理论和生成句法的研究,之后又对形式逻辑系统进行了研究。随机派学者采用基于贝叶斯方法的统计学研究方法,在这一时期也取得了很大的进步。人工智能在快速发展期的发展速度惊人,但多数学者只注重研究推理和逻辑问题,而只有少数学者关注基于概率的统计方法和神经网络。这导致研究方向偏向十分严重,也使得基于规则方法的研究势头明显强于基于概率方法的研究势头。同时,理性主义思潮开始向经验主义思潮过渡。

（3）低速发展期

随着研究的深入,问题不断涌现,人们看到基于自然语言处理的应用在短时间内不能得到解决。于是,许多人对自然语言处理的研究丧失了信心。从20世纪70年代开始,自然语言处理的研究进入了低谷。尽管如此,自然语言处理技术在这一段时间也取得了一些成果,经验主义研究方法开始复苏。

（4）复苏融合期

由于计算机硬件的发展,计算机的速度和存储空间大大增加,给自然语言处理产品商品化开发带来可能。随着网络技术的迅速发展,深度学习技术的不断革新并与自然语言处理技术相结合,开启了自然语言处理领域的新篇章。

3. 自然语言处理技术原理

按照自然语言处理技术实现难度的不同,以最基础的应答系统为例,用户输入关键词,系统根据关键词进行应答,可以分成简单匹配、模糊匹配和段落理解三种类型。

①简单匹配:使用用户所提出的关键词,再根据关键字匹配技术查询数据库中内容从而进行应答。

②模糊匹配:简单匹配所依靠的关键词是不灵活的、死板的,因此在简单匹配的基础上增加同义词、反义词匹配机制,丰富了匹配的范围,即使用户输入的关键词并不在数据库范围之内,但只要能够匹配上相近意思的关键词,仍然可以进行应答。

③段落理解:该模式是真正的智能系统,可以依靠人工智能技术达到段落词语的理解,要达到这种程度需要更多的技术支持,例如分词、词性分析、句法分析、语义分析等,实现难度很大。

上述应答系统类型,也在一定程度上代表了自然语言处理系统不同智能程度所能完成的任务能力。不同的模式类型,能够满足的要求不同,运用的技术内容也不相同。随着匹配难度的增加,自然语言处理所运用的技术以及分析方法都会更加困难,要思考处理的问题也会更多,按照自然语言处理的终极目标段落理解类型进行说明,它分为两部分:自然语言理解和自然语言生成。

（1）自然语言理解

自然语言理解简称人机对话，是应用计算机技术模拟人类的语言交流过程，目的是能够运用人类的自然语言实现人类与机器的自然语言通信。一般的自然语言处理技术包括词法分析、句法分析、语义分析、语境分析等。

①词法分析。词法分析主要是从句子中分离出单词，找出词汇的各个元素，并且确定词义。它主要分为词形和词汇两个部分。词形主要表现在先对单词的整体分析，之后在整体的基础上拆分为前缀和后缀，再进行依次分析；而词汇则表现为对于整个词汇系统的控制。在中文检索系统中，词法分析的主要表现在对于汉语信息的词语切分上，即汉语自动分词技术。通过这种技术机器能够比较准确地分析用户输入的信息特征，从而更加精准地进行搜索。不同语言的词语切分是不同的，词法分析器流程如图 4-5 所示。

②句法分析。句法分析是对用户输入的自然语言进行词汇短语分析，目的是识别句子的句法结构，实现自动句法分析过程。句法分析的目的是找到词、短语等之间的联系以及作用，并使用一种层次结构加以表达，这种表达可以是从属关系、直接成分关系等。并且，句法分析通过专门的具有特殊设计功能的分析器完成，如图 4-6 所示。

图 4-5　词法分析器流程

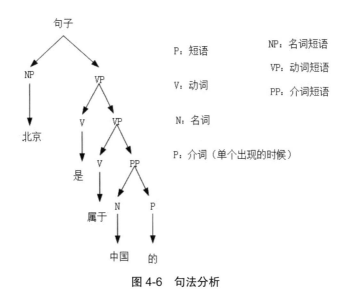

图 4-6　句法分析

③语义分析。语义分析是基于自然语言信息的一种分析方法，其不仅是语法层面上的分析，还会涉及单词、词组、句子、段落等内部含义的分析。其目的是以句子的语义结构表示语言的结构，具体来说就是了解一句话所表达的具体意思。例如"干什么了""如何做的""结果和原因"等。

④语境分析。主要是指对需查询语句以外的内容进行补充分析,例如当前的历史背景、在场人物等,依靠这些额外知识能够更为正确地解释所要查询语句的含义。语境分析的内容包括一般的知识、特定领域的知识以及用户需求等。语境分析将自然语言、客观物理世界与主观世界联系起来,补充完善了其余各类分析,如图4-7所示。

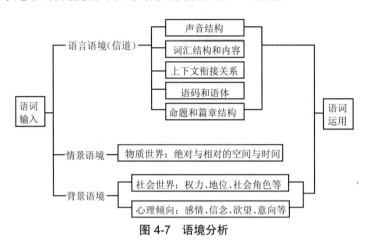

图 4-7　语境分析

自然语言处理的难点是自然语言文本和对话的各个层次上广泛存在着各种各样的歧义或者多义性。例如中文的多音字,语言环境不同会导致意义发音不同。

句法分析的难点。截至目前,语法只限制于一个孤立的句子,而上下文关系和语义的环境都会对被识别的句子产生影响。因此,分析歧义、词语省略、代词指代,甚至是同一句话由不同角色说出,其含义都可能是不同的。这些情况都需要人们处理,对于人们来说稀松平常的事情,对于机器来说却十分困难。因此还需要加强对语言学的研究。

语义分析的难点。句子的理解不单单只靠语法,语调、声音、环境等因素都会对语义产生影响。考虑到社会环境、文化、生活习惯,相同的句子可能就有不同的理解。

(2)自然语言生成

自然语言生成将选择操作并进行映射生成回复。一个良好的生成器通常要依赖于适当性、流畅性、可读性和变化性等因素。传统的自然语言处理方法通常是执行句子计划,将它输入的语义符号映射到代表语言中,再通过结构转换器转换为最终结果。人工智能技术的不断成熟,深度学习和神经网络的发展,使得自然语言生成器将问题信息、语义、对话等类型结合起来生成高质量的回复文字。

自然语言生成分为六个步骤。

第一步:确定内容。确定包含在生成目标中的信息内容。

第二步:确定文本结构。根据第一步所确定的信息内容重新组织文本的顺序,例如播报一场篮球比赛,选择的顺序是"比赛时间→地点→球队→比赛情况→比赛结果"。

第三步:句子聚合。将多个句子合并成一句话,使得表达更为流畅,易于阅读。

第四步:语法化。在合并之后添加一些连接词让句子更为通顺。

第五步:生成参考表达式。选择一些词语和短句构成完整的句子。与第四步的不同在于,需要先识别出内容的领域,然后使用该领域的词汇来连接句子。

● 第六步:语言实现。当所有相关的单词和短句都确定后,将这些单词短句结合起来,形成结构完整、语义通顺的句子。

4. 自然语言处理的常见应用

自然语言处理经过长久的发展，已经在生活中的各个方面展示出了出色的效果，如今各大企业也逐渐将自然语言处理整合到企业业务中。

（1）搜索自动更正和自动补全

自然语言处理最常见的例子就是搜索引擎的自动补全和自动更正，它们有助于用户更快地找到想要搜索的内容，如图 4-8 所示。

图 4-8　"百度搜索"自动补全功能

（2）推送广告

广告对于人们来说并不陌生，如今推送广告的针对性越来越强，广告与关键字、短语等相关联，并且仅仅向那些搜索类似关键字的用户显示。例如用户浏览了与汽车相关的网站，接下来定向广告就会向用户发出与汽车相关的内容的推送。自然语言处理技术在定向广告中，扮演了重要的角色，如图 4-9 所示。

图 4-9　APP 推送广告

（3）语法检查器

在使用文本文档编辑文字时，词汇的使用和拼写偶尔会出现错误，此时语法检查器就会发挥作用，纠正错误的语法和拼写，给出更好的同义词，并有助于以更好的清晰度和吸引力提供内容。语法检查器还有助于提高内容的可读性，从而使用户以最佳方式传达信息，如图4-10所示。

图 4-10　语法检查器

5. 自然语言处理体验

随着技术的成熟，自然语言处理效果也越来越出色，目前比较受欢迎的自然语言处理平台有腾讯云 AI 体验平台、讯飞开放平台等。

（1）腾讯云 AI 体验平台

腾讯 AI 开放平台汇聚了大量行业资源和专业人才，依托腾讯人工智能实验室、腾讯云、优图实验室及合作伙伴强大的人工智能技术能力，升级锻造创业项目。通过访问"腾讯云 AI 体验平台"，选择自然语言处理，可以看到体验界面。有"词法分析"和"关键词提取"两个功能，如图4-11所示。

词法分析功能：可以分析一段话中的词性类别，并根据具体识别的内容，对整段话进行拆分，划分出对应的词性类别、实体类别等。如图4-12所示，输入一段文字。

经过检测，结果显示在右方，在"词性类别"中点击相应的类别，"识别结果"中会显示对应的词语。例如，点击"名词"，"识别结果"中就显示了检测文本中词性为名词的词汇。

关键词提取功能：能够表达文本中心内容的词汇内容，核心依旧是自然语言处理，对词汇的相关性进行划分提取。例如输入"句子的理解不单单只靠语法，语调、声音、环境等因素都会对语义产生影响。考虑到社会环境、文化、生活习惯，相同的句子可能就有不同的理解。"这段话并提交检测。如图4-13所示。"识别结果"显示相关性最高的几个词语。

能力体验

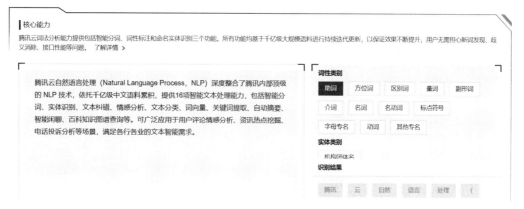

图 4-11 "词法分析"能力体验

图 4-12 "词法分析"体验效果

能力体验

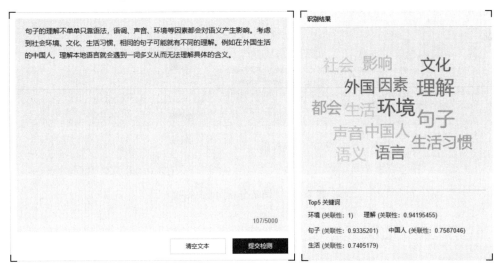

图 4-13　"关键词提取"体验效果

（2）讯飞开放平台

讯飞开放平台为参与者提供强大的人工智能功能，提供全套的人工智能解决方案，使人体验人工智能技术。登录"讯飞开放平台"体验自然语言处理相关内容。"讯飞开放平台"自然语言处理相关技术的使用内容如图 4-14 所示。

图 4-14　"讯飞开放平台"官网首页

　　①词法分析功能。词法分析是基于用户行为,提供分词、词性标注、命名实体识别,定位基本语言元素,全面支撑机器对基础文本的理解与分析。如图 4-15 所示,在"功能体验"区输入一句话。经过分析就会显示整句话中的分词、词性等信息。

{功能体验}

请输入一段需要分析的文本: 换一个示例

人工智能是一门极富挑战性的科学,从事这项工作的人必须懂得计算机学,心理学和哲学。

体验版最多输入100字　　　　　　　　　　　　　　　　　　　　　　开始分析

分析结果:

分词 & 词性标注:

| 人工智能 | 是 | 一 | 门 | 极 | 富 | 挑战性 | 的 | 科学 | , | 从事 | 这 | 项 | 工作 | 的 | 人 |

| 必须 | 懂得 | 计算机 | 学 | 、 | 心理学 | 和 | 哲学 | 。 |

| 标点 | 动词 | 连词 | 名词 | 副词 | 数词 | 代词 | 量词 | 助词 |

命名实体识别:

图 4-15　"词法分析"功能体验效果

　　②情感分析功能。情感分析是基于文本的倾向性分析,通过人工智能技术判断人们的看法或评论是属于对事物的积极、消极或中性意见。其可用于舆情分析、话题监督、口碑分析等领域。如图 4-16 所示,在"功能体验"区输入一句话,根据输入的文本内容,"情感分析结果"显示为"褒义"。

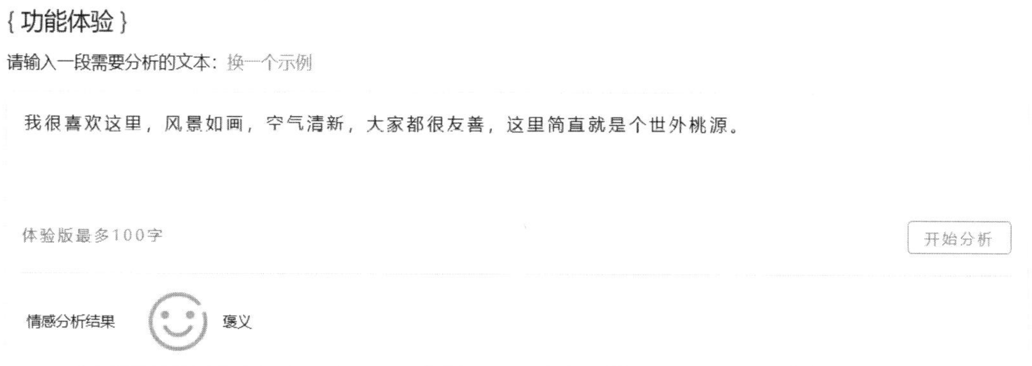

{功能体验}

请输入一段需要分析的文本: 换一个示例

我很喜欢这里,风景如画,空气清新,大家都很友善,这里简直就是个世外桃源。

体验版最多100字　　　　　　　　　　　　　　　　　　　　　　　开始分析

情感分析结果　　😊　　褒义

图 4-16　"情感分析"功能体验效果

技能点 2　语音处理

语音处理是人工智能研究语音相关技术的总称,语音相关技术包括语音识别、语音理解、语音合成等。由于现代的语音处理技术都以数字计算为基础,并借助处理器、信号处理器或通用计算机加以实现,因此也称数字语音信号处理。语音处理是了解和学习人工智能不可或缺的技术,从亚马孙的明星产品 Echo 到谷歌 Master,从京东科大讯飞到百度度秘都离不开语音处理这项技术,由此可见语音处理的重要性。

1.语音识别技术

语音识别可以通俗地理解为"语音"功能 +"识别"功能,"语音"功能可以理解为微信中发送的语音消息,人群中的话语;"识别"功能是通过某种途径或方式把传递过来的语音或消息辨别出来,也可以理解为将人类语言中包含的词汇内容转换成计算机能够识别的编码进行输入。

语音识别的应用较为广泛,一般包括语音识别拨号、智能导航、室内语音控制、语音识别检索、智能助理、听写录入等。语音识别技术与其他技术相互融合,可以构建出更为复杂的技术,用来完成更为复杂的工作内容。例如与机器翻译功能相互融合,能够进行实时的翻译工作。

目前语音识别技术是基于统计的模式识别。这是一个模式识别匹配的过程,人们对于听到的语音内容,都会根据自身的经历经验,来理解语音的具体含义。并不会像语音识别系统一样将一段完整的语音拆分为声音、语法、语义等。但对于机器来说,这种拆分是必不可少的,语音识别系统需要利用这方面的知识,更准确快速地了解语音的含义以便进行翻译。

一般的语音识别系统可以分为前端处理和后端处理两部分,如图 4-17 所示。

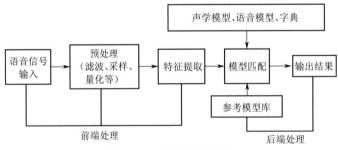

图 4-17　语音识别系统

前端处理包括语音信号的输入、预处理、特征提取。特征提取是从语音信号中提取语音特征,用于识别语音信号。

后端处理是对数据库搜索的过程,分为训练和识别。训练是对所建模型进行评估、匹配、优化之后所得到的模型参数。识别是指使用一个专用的搜索数据库在获得前端数值之后,对声学模型、语音模型、字典进行对应的相似度量匹配。

经过上述过程一条语音就能被机器识别并显示。但由于语音中词汇量的不同,对应识别系统也会有不同难度。

小词汇量的语音识别系统一般包含几十个词汇。

中等词汇量的语音识别系统一般包含几百至上千个词汇。

大词汇量的语音识别系统一般包含几千至上万个词汇。

除了词汇量影响识别难度,不同人说话特性的不同如发音方式等也会造成系统的不稳定。因此提高语音识别系统的稳定性就是要提高系统克服这些因素影响的能力,使得系统能够适应不同环境,并且将识别的准确率维持在较高水平。

在实际的应用中,语音识别可以通过嵌入式和服务器两种硬件系统来实现,嵌入式语音识别系统是将语音识别系统安装在终端设备上,例如手机终端,该识别过程在终端进行。如果是服务器语音识别系统,则需要先将语音进行保存、上传至服务器,再经由服务器内部进行识别。因此,服务器语音识别系统更加便捷,因为随着语音识别技术的不断发展,可随时更新服务器系统,维护也更加方便。

2. 语音理解技术

语音理解技术是自然语音处理不可缺少的一部分,语音理解可简单理解为通过信号处理识别人类自然语言,再让机器理解人类口述的语言含义。完整的语音理解技术除了语音识别要求的部分之外,还需引入人类知识部分,依靠人类长期生活的广泛知识、预见性、分析能力和感知能力来提高计算机的语言理解能力。这可通过知识处理来完成,知识处理包括对知识的收集,知识库的形成、推理、检验等,因此语音理解可以认为是信号处理与知识处理相结合的产物。与语音识别的主要不同是对语法和语义知识的充分利用程度。

具体提升的能力如下。

①可排除语音中的噪声和嘈杂声。

②能够通过人类的生活经验理解语音中上下文的含义,澄清含义不明的语义,纠正错误。

③检测出不合语法的语句。

④发现不完整的语句,智能补全或给出警告。

语音理解并不需要对每个词汇都理解,它重点在于对整个语句含义的把握。

3. 语音合成技术

语音合成是进行人机对话时不可或缺的内容。语音合成与语音识别是实现人机语音通信的重要技术。语音合成是利用电子计算机和专门的设备来模拟人类,制造语音的技术,它能将任意文字信息实时转化为标准流畅的语音朗读出来。

基本的语音合成系统流程如图4-18所示。

图4-18 语音合成系统流程

在输入文本之后,需进行文本分析、韵律处理、声学处理,最后输出合成的语音结果。

韵律处理是指人对话沟通时的抑扬顿挫和轻重缓急。它在文本分析之后,通过人工智能分析词语含义,再合成相对应的韵律,模拟人的声音。

声学处理是指根据文本分析结果和韵律添加的情况,提供信息来形成语音波形。以此完成语音的合成操作。

4. 语音处理的常见应用

语音处理的各项技术在日常生活中都是非常常见的,例如在金融领域、嵌入式领域、语音助理领域等都有所应用。

①金融领域的应用主要是使用语音服务完成客服问答、金融操作引导等。语音服务在金融领域的应用如图 4-19 所示。

图 4-19　金融系统应用语音服务

②嵌入式领域的应用,语音识别在嵌入式领域的应用主要是以基础应用的形式集成在各类终端上,比如移动通信设备,需要嵌入到芯片中,机器人和智能家居也是同样的原理。在嵌入式领域的应用如图 4-20 所示。

图 4-20　嵌入式领域的应用

在日常生活中,人们往往需要求助于他人来完成自己完成不了的事情,例如在身体不适时,求助于医生;在前往陌生地点时,求助于地图导航;在就餐时,查看附近的餐饮信息等。以上种种可以认为是人们身边总有一个帮手,帮我们管理着一切,不仅节约了我们的时间,还方便了我们的生活。以移动设备为载体的智能助理也已经悄然融入我们的生活。银行智能助理如图 4-21 所示。

图 4-21 银行智能助理

早期阶段,机器人与人的交互都被局限在数控能力上,机器人只能够向人们提供平面指导或者是视频语音播放,通过设置路径点的方法来进行对机器人的控制。随着人工智能的不断发展,能力的不断提升,它能够完成的工作越来越多。

机器人与人的行为交互应该体现在自主性、安全性和友好性上。自主性是指避免机器人对服务对象的依赖,它可以根据比较抽象的任务要求,结合环境变化自动设置和调整任务;安全性是指根据自身能力在交互的过程中保障自身与用户的安全;友好性是指对机器人系统提出更高的需求,在交互的过程中要更加自然、接近于人与人之间的交流。

例如,使用手机的智能语音助理来询问"今天的天气",那么智能助理就会经过语音识别、自然语言理解、对话管理、自然语言生成、语音合成最终将合成的语音输出,以此来完成对于问题的回答。智能助理系统原理如图 4-22 所示。

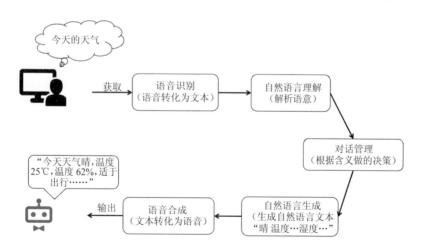

图 4-22 智能助理系统原理

对话管理负责控制人机对话的过程,根据用户当前所咨询的信息和历史对话信息,决定反馈策略。它可应用任务驱动的多轮对话,对核心问题进行把控,如果用户需求过于复杂,可以拆分为多个对话拆分需求。例如"下一份订单",它对订单条件可进行多轮询问,包括目的地、时间、数量等。在对话的过程中可以不断修改和完善自身的需求,同时对于模糊不清的需求,智能助理可重复询问、确认,完善需求,以达到用户满意的结果。

　　智能助理的关键技术是语音唤醒,作为一名助理,就需要对事件或声音作出反应,类似于人与人之间的交流。例如在路上小张遇到自己的朋友小王,想要去打招呼,就会喊一声"小王",小王听到之后就会作出反应,看看是谁在叫他,这就说明小王听到了小张的喊声。这个过程可以类比为智能助理的语音唤醒功能,"小王"就是唤醒词,小王本人熟悉小张声音的音色,因此作出了反应。对智能助理,可以提前设置唤醒词,或者使用默认的唤醒词。

　　智能助理在现实生活中已经比较常见了,小爱同学是小米旗下人工智能助手,由小爱语音(原小爱同学 APP)、小爱视觉、小爱翻译、小爱通话等智能产品组成。它可以帮助用户进行日程安排、回答用户提出的问题,在用户使用的过程中了解用户的个人喜好和习惯。它并不是传统问答系统的存储式问答,而是与使用者进行对话,在对话中它会记录用户的行为和使用习惯,读取和"学习"包括手机中的文本文件、电子邮件、图片、视频等数据,来理解用户的语义和语境,从而实现人机交互。小爱同学的标识如图 4-23 所示。

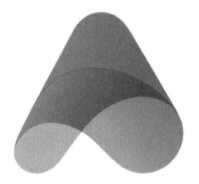

图 4-23　小爱同学的标识

　　小爱同学是一个集多种功能于一身的智能助理,其功能如表 4-1 所示。

表 4-1　小爱同学的功能

功能	说明
知识百科	百科、问答、搜索等
效率工具	时间、闹钟、翻译、查找设备、便签、计算器、扫一扫等
摄影摄像	相机、相册、截屏、录音等
系统管理	清理、安全、更新系统、账号等
应用管理	页面导航、打开应用、关闭应用、安装应用等
设备控制	智能设备、儿童锁、设备控制、播放控制、帮助引导等

续表

功能	说明
生活服务	天气查询、星座查询、快递查询、食谱查询、媒体新闻、购物、餐厅等
金融理财	银行、外汇、记账、支付、股票等
学习教育	古诗词、教学辅助等
体育运动	查看运动、赛事等
旅行交通	地图、打车、交通票、住宿、景点、限行等
音频	音乐、电台、音效等
视频	视频推荐、视频搜索、直播等
娱乐消遣	演出、电影、休闲、闲聊、笑话等
通信社交	消息、电话、社区等
来电语音控制	来电时直接说"接听电话""挂断电话"

5. 语音处理体验

语音处理技术发展至今已经不再是工业生产的专利，人们也可以通过上传自己的声音数据来进行语音识别、语音合成等操作，它对于向人们普及人工智能知识，有着重大意义。

腾讯 AI 实验平台除了拥有自然语言处理的体验功能，也有语音处理的相关内容。

①使用腾讯 AI 实验平台，进行语音识别体验，如图 4-25 所示。

图 4-25　腾讯 AI 实验平台界面

②点击"语音识别"之后，可以选择识别的语言，经过语音输入之后，即可识别语音内容，并显示在页面上，如图 4-26 所示。

图 4-26　语音识别功能体验

　　③在移动设备端可以使用微信小程序"腾讯云 AI 语音"进行语音识别体验,如图 4-27 所示。

　　④在对应的智能语音产品中,选择"语音识别",并使用移动设备的麦克风输入语音信息,结果会显示在页面中,例如使用语音输入"今天星期几",效果如图 4-28 所示。

　　⑤在移动设备端可以使用微信小程序"腾讯云 AI 语音"进行语音合成的体验。在指定位置输入文本内容,再选择合成语音的声音,即可进行合成试听,如图 4-29 所示。

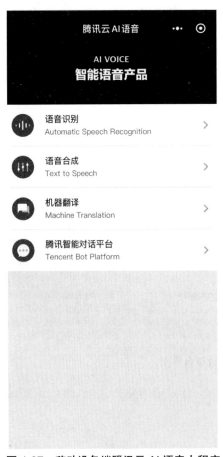

图 4-27　移动设备端腾讯云 AI 语音小程序

图 4-28　腾讯云语音识别功能

今天天气真好，我们一起来踢足球吧

图 4-29　腾讯云语音合成功能

技能点 3　机器翻译

机器翻译，又称自动翻译，是利用计算机将一种自然语言（源语言）转换为另一种自然语言（目标语言）的过程。它是计算语言学的一个分支，是人工智能的终极目标之一，具有重要的科学研究价值。

1. 机器翻译的发展历史

20 世纪三四十年代机器翻译这一概念开始形成，世界各国的科学家都提出了自己的设想，利用机器来进行翻译似乎是一条可行的办法，但由于当时的技术水平比较低，这一想法终究没有成为现实。直到第一台电子计算机诞生之后，美国科学家韦佛（W. Weaver）和英国工程师布斯（A. D. Booth）于 1947 年提出了利用计算机来进行翻译的构想。自此机器翻译在历史上崭露头角。机器翻译的发展可分为以下四个阶段。

（1）开创期（1947—1964 年）

美国乔治敦大学在 1954 年利用 IBM-701 计算机在 IBM 公司协同下，首次完成了英俄机器翻译试验，这次试验向大众以及科学界展示了机器翻译是可行的。IBM-701 计算机如图 4-30 所示。

1956 年，我国同样看到了机器翻译的可能性并开启了相应的研究工作，课题名称是"机器翻译、自然语言翻译规则的建设和自然语言的数学理论"。1957 年，中国科学院语言研究所与计算技术研究所合作开展俄汉机器翻译试验,翻译了9种不同类型的较为复杂的句子。

图 4-30　IBM-701 计算机

从全球来看,整个开创期机器翻译的研究虽然刚开始,但多方面的支持以及各种成果的出现使得机器翻译的前景明朗,政治、经济环境都为其提供了大量的支持,机器翻译发展迅速。

（2）受挫期（1964—1975 年）

在经过从无到有的开创发展之后,学者和科学家们都掌握了机器翻译的基本知识,但仍没有一个统一的标准来评判当时机器翻译研究的情况。于是在这种背景下, 1964 年,美国科学院成立了语言自动处理咨询委员会 (Automatic Language Processing Advisory Committee, ALPAC),目的就是对机器翻译进行综合调查分析和测试。1966 年,为期两年的调查分析结束,该委员会公布了一个题为《语言与机器》的报告,该报告全面否定了机器翻译的可行性,语言学家认为基于经验主义的统计描述永远无法满足翻译需求,也就表示机器翻译不会成功,并建议停止对机器翻译项目的资金支持。这一报告无疑是对机器翻译的全盘否定,专家学者们也开始动摇,一时间机器翻译研究陷入了近乎停滞的僵局。

（3）恢复期（1975—1989 年）

随着科学技术的不断发展以及国家地区之间科技交流日益频繁,不同语言之间的交流障碍更为明显,语言问题渐渐成为阻碍科技进步的突出问题,而传统的人工作业方式在效率方面已经不能满足于现有需求。此时,迫切需要计算机来从事翻译工作。经过十几年的发展,计算机科学、语言学等机器翻译需要的学科也有了不小的发展,计算机硬件的发展提升了计算机的计算速度,使得机器翻译成为可能。机器翻译项目被重新提上日程,各种实用的实验系统被先后推出,机器翻译也开始进入缓慢的恢复期。

我国同样面临语言不通的难题,因而也重新启动机器翻译的研究,并取得了长足的发展。在 20 世纪 80 年代中后期成功研制出了两个英汉机译系统 KY-1 和 MT/EC863 。

（4）新时期（1990 年至今）

翻译机、翻译系统确实可以解决一部分翻译问题,但随着互联网的普及全球一体化,国际之间的交流更加频繁,世界各国人民对于机器翻译的需求空前增长,机器翻译迎来了一个新的发展机遇期。中国也取得了前所未有的成就,相继推出了一系列机器翻译软件,例如"译星""通译""华建"等。在市场需求的推动下,商用机器翻译系统迈入了实用化阶段,走进了市场,开始面向普通用户。

1992 年,我国科学家陈肇雄带领课题组成功研制出了智能型英汉机器翻译系统 IM-

TEC—863，该系统在整体设计、实现效果、理论基础等方面都已超出国外同类系统，使得中国机器翻译产品打入了国际市场。它不仅提升了机器翻译技术，也增强了其在国际上的影响力。智能型英汉机器翻译系统 IMTEC—863 如图 4-31 所示。

图 4-31　智能型英汉机器翻译系统 IMTEC—863

课程思政：坚持信念，实现价值

　　每一项技术的发展，都需要很多人的付出、努力与坚持。如同我国自主研发的智能型英汉机器翻译系统 IMTEC—863，也是经过不断摸索与研究才能问世，又比如华为作为全球领先的 ICT（信息与通信）基础设施和智能终端提供商，在遭到了美国制裁后，一直坚信自己的理念，坚持创新刻苦钻研。如今华为成功度过了艰难的时期，得到了世界各国人民的称赞赏，实现了自己的价值。我们在学习时，也要不畏艰难险阻，坚持下去，坚定自己的信念，实现自己的价值。

　　进入 21 世纪，互联网的普及已经使得传统翻译系统的局限性越来越大，依托于互联网平台，数据量不断提升，统计方法得到充分利用，新的机器翻译理念正在显现。互联网公司也看中了机器翻译的前景，纷纷成立研究组，从而使得机器翻译真正走向实用。近年来，人工智能技术不断发展，深度学习的理念也融入机器翻译中，使得机器翻译技术得到了进一步的发展，促进了翻译质量的快速提升，在口语等领域的翻译更加地道流畅。"百度翻译"界面如图 4-32 所示。

图 4-32　"百度翻译"

2. 机器翻译的基本原理

机器翻译经历了多个发展阶段,也涌现出了很多方法。总结起来主要有三类:基于规则的方法、基于统计的方法和基于神经网络的方法。自从 1947 年机器翻译的概念被提出以来,历经多次技术革新,尤其是近年来从统计机器翻译(SMT)到神经网络机器翻译(NMT)的跨越,促进了机器翻译实现大规模产业应用。

（1）基于规则的翻译

翻译知识来自人类专家。找人类语言学家来写规则:将这个词翻译成另外一个词,这个成分翻译成另外一个成分,在句子中出现在什么位置,都用规则表示出来。

源语言使用 Source 进行标记,目标语言使用 Target 进行标记,机器翻译的任务就是将源语言的句子翻译成目标语言的句子。如图 4-33 所示。

图 4-33　基于规则的翻译

基于规则的翻译原理是使用语言学专家的知识,将这些信息录入系统中,由机器进行匹配判断。这种方法的优点是准确率极高,但缺点也很明显,即成本高、灵活性差。系统匹配的能力完全依靠人类语言专家的知识,在面对多种语言翻译时,就需要寻找相应语言的专家来辅助编写系统,这无疑是烦琐的,也使得整体开发周期变长,开发难度随着语言难易程度而变化。例如需要中译英系统,需要寻找英语和中文都专、精的专家配合,面对语言规则环境冲突时也会造成很多问题,这也使得基于规则的翻译方法的局限性增加。因此,这种方式是需要革新的。

（2）基于统计的翻译

基于规则的翻译有很大的局限性,因此在 20 世纪 90 年代出现了基于统计的方法,称之为统计机器翻译。统计机器翻译系统是对机器翻译进行一个数学建模,然后应用大量的数据对其进行训练。与基于规则的翻译方法相比,其优势在于成本很低,完全不需要语言专家的介入,只需要大量的信息数据进行训练学习。一旦模型被建立之后,所有语言可以通用,十分灵活。但它仍旧面临很多挑战和困难,其准确率仍需要进一步提高。基于统计机器翻译的原理如图 4-34 所示。

图 4-34　基于统计机器翻译

统计机器翻译进行改良后,通过平行语料和单语语料对机器进行训练,以此完成机器翻译,如图 4-35 所示。

图 4-35　改良基于统计机器翻译

经过改良的基于统计的机器除了使用翻译模型之外,也加入了语言模型,即一部分专家知识,以此来提高翻译的准确度。

平行语料是由模型构成的词典表,每个模型会存在一个概率,即根据翻译的内容匹配衡量词语的可能性,这个词典表就是它们之间的桥梁。以中英互译为例,中文单词和英文单词互为对应关系。在对应的训练数据中,可以找到相应的名词为"on Sunday"。对应的翻译模型中会存在一个概率,衡量两个词或者短语对应的可能性。

单语语料用于衡量句子在目标语言中是否符合预期,在匹配之后会给出一个可能性数值概率,也由此构建起两种语言的桥梁。例如,踢足球若被翻译为"play football","football"这个词的概率可能是 0.5,如果被翻译为"play basketball",其可能性就很低。

通过运用这两种模型并且配合其他规则特征,改良的统计机器翻译的准确率提升、成本降低。

（3）基于神经网络的翻译

虽然改良的统计机器翻译已经可以完成部分翻译工作,但随着深度学习技术的发展,新兴的神经网络翻译方式开始迅速崛起。相比于统计机器翻译,神经网络机器翻译可以自动从语料库中学习翻译知识,一种语言句子被量化之后可以在网络中层层传递,转化为计算机可以"理解"的表示形式,再经过复杂的传导运算,生成另一种语言的句子。基于神经网络的机器翻译原理如图 4-36 所示。

3. 机器翻译体验

机器翻译经过长久的发展,如今已经基本满足产业需求,最耳熟能详的机器翻译就是百度翻译了,它可以实现多种语言之间的翻译,使得人们可以在短时间内了解一段陌生语言的大致含义。百度 AI 平台和讯飞开放平台都拥有机器翻译功能。

（1）百度翻译体验

百度翻译依托互联网数据资源和自然语言处理技术,帮助人们进行各种语言之间的翻译,能够使人们更方便地获取信息和服务。"百度翻译"功能界面如图 4-37 所示。

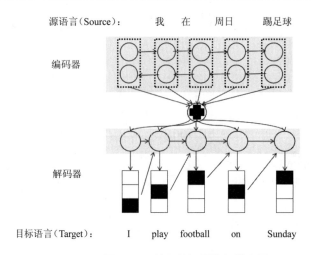

图 4-36　基于神经网络机器翻译

图 4-37　"百度翻译"功能界面

在输入框中输入"请问一下,去体育馆怎么走"这句话,点击翻译即可在右侧输出部分看到翻译效果,如图 4-38 所示。

图 4-38　"百度翻译"翻译效果

（2）讯飞开放平台体验

讯飞开放平台为开发者提供强大的人工智能功能,提供全套的人工智能解决方案,在机器翻译技术上,科大讯飞使用自主研发的机器翻译引擎,提供优质的翻译功能,其可解决大部分国家地区语言互译问题。使用讯飞开放平台体验机器翻译功能,如图 4-39 所示。

图 4-39　讯飞开放平台

选择"机器翻译"功能,如图 4-40 所示。

语音识别	语音合成	语音分析	多语种技术	卡证票据文字识别
医疗产品	机器翻译 基于讯飞自主研发的机器翻译引擎,提供更优质的翻译接口	机器翻译 niutrans 基于小牛翻译多语种机器翻译引擎,提供100多种语言互译		通用文字识别
语音硬件				人脸识别
机器翻译	人机交互	自然语言处理	图像识别	离线服务

图 4-40　"讯飞开放平台"产品体验

在"产品体验"中输入"请问一下，去体育馆怎么走"这句话，点击翻译即可在右侧输出部分看到翻译效果。如图 4-41 所示。

图 4-41 "讯飞开放平台"机器翻译功能效果

小爱同学是小米旗下的人工智能助手，它可以学习用户的习惯和安排。小爱同学可在移动设备中使用。

第一步，在手机应用商店下载并安装小爱同学，如图 4-42 所示。

第二步，打开小爱同学应用，可在主界面中看到常用功能，例如个人中心、键盘输入、语音输入、扫一扫等，如图 4-43 所示。

第三步，点击左上角"添加设备"，可以对设备进行连接，如图 4-44 所示。

第四步，点击右上角头像，可进入个人中心页面，可进行登录注册、查看训练结果、显示当前设备和对小爱同学进行基本设置，如图 4-45 所示。

人工智能自然语言处理任务实施

图 4-42　小爱同学应用商店显示

图 4-43　小爱同学应用主界面

图 4-44　添加设备

图 4-45　个人中心

　　第五步,点击左下角键盘图样,可进行键盘输入,以文字的形式让小爱同学做出反应,如图 4-46 所示。在键盘中输入"今天的天气如何",如图 4-47 所示。此时小爱同学就会显示该问题的答案以及关联选项,如图 4-48 所示。

图 4-46　使用键盘输入信息

图 4-47　提出问题"今天的天气如何"

图 4-48　显示结果并出现关联选项

　　第六步,根据结果点击相应关联的问题可让小爱同学继续做出回应。例如点击"适合户外运动吗",如图 4-49 所示。还可以继续进行提问,例如点击"适合洗车吗",如图 4-50 所示。

图4-49　询问关联问题"适合户外运动吗"

图4-50　询问关联问题"适合洗车吗"

第七步，小爱同学支持添加不同类型的回应、个性化设置问答情景，"训练计划"页面如图4-51所示。

图4-51　"训练计划"页面

第八步，点击任意一个训练内容，可以查看效果，例如点击"打开情话模式"，小爱同学就会做出反应，如图4-52所示。

图 4-52　小爱同学情话模式

　　第九步,用户可以点击"我的训练"依据自身需求设置小爱同学的回复类型,但需要进行用户登录,如图 4-52 所示。若没有账号,则点击"立即注册",注册成功后,登录小爱同学,如图 4-53 所示。

图 4-53　用户登录页面　　　　　　　　　　　　图 4-54　用户注册页面

　　第十步,点击"训练计划—我的训练",在页面中有示例训练可添加使用,也可以添加自定义训练,"我的训练"页面如图 4-54 所示。

　　第十一步,例如选择第一种训练,点击"添加使用",在编辑训练页面中可以添加对小爱说的内容以及回应内容,可通过键盘输入、语音录入、设备控制等完成编辑,在完成整体编辑之后,点击"完成编辑"按钮即可保存,"编辑训练"页面如图 4-55 所示。

第十二步，在训练中添加的内容可以在"我的训练"中最下方显示，如图 4-56 所示。

第十三步，通过键盘输入或语音输入相应的内容，可以看到小爱同学回应效果，例如输入"跟客人们打个招呼"，如图 4-57 所示。

图 4-55 "我的训练"页面

图 4-56 "编辑训练"页面

图 4-57 显示我的训练

图 4-58 测试回应效果

　　本次任务讲解了智能助理小爱同学的使用,通过本次任务,了解了使用移动设备应用智能助理的方式,掌握了使用训练计划功能设置个性化的语音应答,掌握了自然语言处理的方式,加深了对于人工智能语言处理部分的理解。

natural language processing		自然语言处理	
speech	语音	processing	处理
recognition	识别	machine translation	机器翻译
target	目标	understand	理解
train	训练	compose	组成
rule	规则		

一、选择题

1. 下列有关自然语言的说法正确的是(　　　)。

A. 自然语言通常是指一种自然的随文化演化的语言

B. 世界语为非人造语言

C. 非人造语言是人类交流和思维的主要工具

D. 图片、动作、表情等可以传递人们的思想,语言不是很重要

2. 下列关于语音识别错误的是(　　　)。

A. 小词汇量的语音识别系统一般包含几十个词汇

B. 中等词汇量的语音识别系统一般包含几百至上千个词汇

C. 大词汇量的语音识别系统一般包含几千至上万个词汇

D. 由于语音的词汇量的不同,对应系统的识别难度的区分不大

3. 对于自然语言处理,以下说法错误的是(　　　)。

A. 句法分析是对用户输入的自然语言进行词汇短语分析,目的是识别句子的句法结构,实现自动句法分析过程

B. 语义分析的目的是以句子的语义结构表示语言的结构,具体来说就是了解一句话所

表达的具体意思

C. 词法分析的目的是识别句子的句法结构,实现自动句法分析过程

D. 自然语言处理的难点是自然语言文本和对话的各个层次上广泛存在着各种各样的歧义或者多义性

4. 下列关于语音合成系统流程说法错误的是(　　　)。

A. 需进行文本分析　　　　　　　　　B. 需进行韵律处理

C. 需进行声学处理　　　　　　　　　D. 需进行模型匹配

5. 下列关于机器翻译说法正确的是(　　　)。

A. 机器翻译经历了多个不同的发展阶段,基本上有三类方法,基于规则的方法、基于统计的方法和基于神经网络的方法

B. 基于规则的机器翻译的知识主要来自机器自我学习,再由人类语言学家来写检查

C. 基于统计机器翻译是对机器翻译进行一个数学建模,与语言学有关

D. 需进行模型匹配

二、填空题

1. 按照自然语言处理技术实现难度的不同,以最基础的应答系统为例,用户输入关键词,系统根据关键词进行应答,可以分成 _____ 、模糊匹配和段落理解三种类型。

2. 自然语言处理是人工智能开发领域的一个重要方向,它研究能实现人与计算机之间使用 _____ 进行有效通信的各种理论和方法。

3. 语音理解技术是自然语音处理不可缺少的一部分,语音理解可理解为通过 _____ 识别人类自然语言,再让机器理解人类所口述的语言含义。

4. _____ 年,我国同样看到了机器翻译的可能并开启了相应的研究工作,开启的课题名称是“机器翻译、自然语言翻译规则的建设和自然语言的数学理论”。

5. 源语言使用 _____ 进行标记,目标语言使用 Target 进行标记,机器翻译任务就是将源语言的句子翻译成目标语言的句子。

三、简答题

1. 现阶段自然语言处理的难点是什么?

2. 语音合成的基本原理是什么?

项目五　人工智能与信息技术结合应用

● 了解信息技术的基本概念
● 熟悉应用场景
● 掌握信息技术与人工智能的联系
● 切实体验虚拟现实中国国家博物馆数字展厅

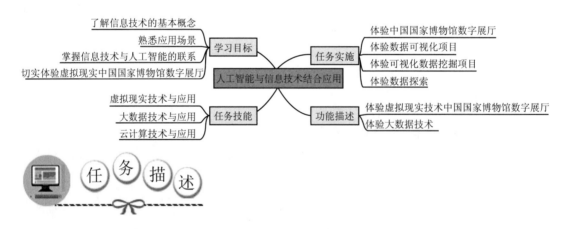

【情境导入】

目前,世界正在进入以信息技术产业为主导的经济发展时期,传统的信息技术已经不足以支持人工智能的快速发展,因而大数据、云计算、虚拟现实等信息技术开始介入人工智能领域,同时人工智能依靠其强大的计算能力和可拓展性,与其相互借鉴、共同发展。

【功能描述】

● 体验虚拟现实技术中国国家博物馆数字展厅
● 体验大数据技术

技能点 1　虚拟现实技术与应用

1. 基本概念

虚拟现实（Virtual Reality，VR）是近些年出现的高新技术，也被称为灵境技术或者虚拟实境。顾名思义，虚拟现实就是虚拟和现实相互结合。从理论上讲，虚拟现实技术是一种可以创建和体验虚拟世界的计算机仿真系统，它利用计算机生成一种模拟环境，使用户沉浸在模拟环境中。虚拟现实技术就是利用现实生活中的数据，通过计算机产生的电子信号，将其与各种输出设备结合使其转化为能够让人们感受到的现象，因为这些现象都不是能直接观察到的，因此称为虚拟现实，虚拟现实概念图如图 5-1 所示。

图 5-1　虚拟现实概念图

虚拟现实技术囊括计算机、电子信息、仿真技术。随着社会生产力和科学技术的不断发展，各行各业对 VR 技术的需求日益旺盛，虚拟现实技术取得了巨大进步，并逐步成为一个新的科学技术领域。

虚拟现实头戴显示设备是虚拟现实实现的方式之一。虚拟现实设备的最大优势就是能够提供一个虚拟的三维空间，让使用者可以从听觉、视觉、触觉等感官上体验到非常真实的模拟效果。目前能够做到这点的产品样式有三种，分别是：外接式头显设备、一体式头显设备、移动端头显设备。

2. 虚拟现实的分类

虚拟现实技术涉及的学科众多,应用领域广泛,系统种类繁杂。从不同的角度出发,虚拟现实技术可以进行不同的分类。

（1）从沉浸式体验角度分类

沉浸式体验分为非交互式体验、个人虚拟环境交互式体验和群体虚拟环境交互式体验这几类。该分类角度强调用户与设备的交互体验。在非交互式体验中,用户则更为被动,所体验的内容都是提前设计好的,虽然可以进行微量调整,但实际上并没有交互行为,例如场景漫游。而在个人虚拟环境交互体验中,用户则可以与一些虚拟的物品进行交互,例如虚拟现实游戏、驾驶模拟器等,在这些情况下,用户可以感知虚拟环境的变化,进而作出反应。

（2）从功能角度分类

系统功能分为产品规划、娱乐设计、训练演习等。产品规划可以用于新设施的实验规划验证,可降低成本、提高设计效率,可用于城市规划的效果展示。娱乐设计适用于给用户展示逼真的效果、身历其境的体验,例如数字博物馆、交互式游戏和影视等。训练演习则是模拟一些危险的环境,以及现实情况下很难模拟的现实场景,例如高空作业、宇宙探险等。

3. 虚拟现实的特征

虚拟现实运用计算机用户接口,给用户提供视听方面的感知。因此虚拟现实拥有沉浸性、交互性、多感知性、构想性和自主性等特征。

（1）沉浸性

沉浸性是虚拟现实最基本也是最为重要的特征,简单来说就是身临其境的感觉,让用户觉得自己身处虚拟环境中,通过听觉、触觉、味觉、嗅觉等的不断加深体验,思维也会发生变化,达到沉浸式的感受,如同在现实中发生的一样。

（2）交互性

当用户身处虚拟环境中,除了能够感同身受,还需要能与虚拟环境中的物品进行交互,在交互过程中会对物品造成真正意义上的改变,例如位移、损坏、变形等,才能称为真正的虚拟现实。

（3）构想性

使用者在虚拟空间中,可以与周围物体进行互动,可以拓宽认知范围,创造客观世界不存在的场景或不可能发生的环境。构想可以理解为使用者进入虚拟空间,根据自己的感觉与认知能力吸收知识,发散、拓宽思维,创立新的概念和环境。

4. 人工智能与虚拟现实的联系

人工智能和虚拟现实有着天然的联系,两者并不是相对独立的,人工智能可以使得交互方式更加智能化,将视觉、听觉、嗅觉等感官能力进行提升,带来全新的交互体验,相比传统虚拟现实更为真实。相对地,人工智能能够提升虚拟现实的制作速度和水平,使自动化成为可能;持续提升虚拟现实内容生产力,使虚拟现实内容更加丰富,交互方式也更为全面。人工智能与虚拟现实的融合发展将会开辟新的天地,助力信息技术产业的不断发展。

5. 应用场景

虚拟现实已融入各行业。具体如下。

（1）医疗

虚拟现实技术在医疗方面的应用具有重大意义。在虚拟环境中，可以建立虚拟的人体模型，用于了解人体器官的健康与否；还可借助于跟踪球、体感设备等外部设备进行教学操作，它们相比于传统医疗教学效果更好。模拟手术的情况，如图 5-2 所示。

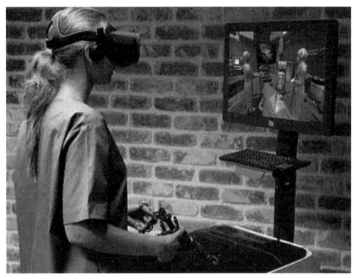

图 5-2　虚拟现实设备实现模拟手术

（2）娱乐

由于使用虚拟环境，并且可以模拟大多数的感觉，虚拟现实技术在游戏、绘画、音乐等方面有着广泛应用。作为传输显示信息的媒体，虚拟现实技术在未来艺术领域所具备的潜力不可低估。虚拟现实所具备的临场感和交互能力都是其他虚拟环境所不能替代的。虚拟现实室内游戏体验如图 5-3 所示。

图 5-3　虚拟现实室内游戏体验

（3）室内设计

虚拟现实技术不仅可以进行一些场景展示和环境模拟，还可以用来进行装修设计。设计者可以先对房屋的结构和外形进行细致的构思。虚拟现实可以把这种构思变为看得见的物体和环境，相比传统的设计方式，它能够大大提高设计的质量和效率。设计者按照自己的构思，变换物体位置以查看设计效果，如图5-4所示。

图 5-4　虚拟现实室内设计效果

（4）智慧教室

虚拟现实技术能够为学生创造良好的互动环境。它通过软硬件一体化教学方案支持多设备同步教学，可以将教学内容投放至虚拟现实的外接设备中，以实现沉浸式的虚拟教学效果。如图5-5所示。

图 5-5　智慧教室

（5）博物馆展览

应用虚拟现实技术将博物馆内历史文化知识进行收集，并生成虚拟环境，全方位将其呈现在参观体验者的面前，最大限度地拓展博物馆的空间和功能。体验不受时间、地域环境的限制，一些珍贵的文物也不会有被破坏、盗窃的风险。体验者足不出户即可学习到不同的文化知识。如图 5-6 所示。

图 5-6　虚拟现实博物馆体验

（6）图书馆

虚拟图书馆将虚拟现实、人工智能、三维数字等技术相结合，改变书本形式，使其变得生动立体，如将文字变为图文、视频、动画等形式，充分展示智慧图书馆的魅力。用户将以第一人称视角进入虚拟图书馆，实现沉浸式体验，如图 5-7 所示。

图 5-7　虚拟现实图书馆体验

技能点 2　大数据技术与应用

1. 基本概念

大数据技术是一项新兴技术，它的本质就是海量的、多维度的、多形式的数据。具体的定义是：规模很大的数据集合，在存储、管理、获取、分析方面具有传统数据库不能比拟的优势。它具有数据类型多样、数据规模极大、数据流转快速和价值密度较低四大特征。

2. 人工智能与大数据的联系

人工智能与大数据的联系十分紧密。人工智能需要大量的数据信息来作为学习的基础，这些数据信息远比传统数据信息的量级大，它们是人工智能创新和发现的基础，因此人工智能需要从中充分获取想要的数据以提升自身，而在这个过程中，人工智能不单单是获取数据，例如人工智能的机器学习就是数据分席的常用方式，制作出人工智能产品，大数据为其提供大量数据，所提供的数据越多，人工智能的效果就越好，因为人工智能需要用大量数据进行验证和判断，它在不断试错的过程中成长，增加产品的稳定性和可靠性。

大数据提供数据，可以认为是供给者，而人工智能为计算者。人工智能允许机器执行认知功能，对输入起作用或做出反应。大数据仅仅是进行计算并不会对结果做出反应。

大数据与人工智能为达到目的的实现手段不同。大数据会通过大量的数据对比，来掌握用户的兴趣，以此来推送相关内容。生活中短视频推送、相关广告的推送等，都是以人们的观看习惯来进行简单判断，并得出基本结论。人工智能则是辅助人们更快、更好地完成任务根据这个目的来进行决定的。相比于大数据，人工智能利用机器学习的方法，能够更加准确了解用户，以更加高效的方式完成任务。

3. 应用场景

在实际应用中，大数据也许能改变一个企业的运营，甚至改变一个行业未来的走势与发展。不同行业对大数据的应用有不同的体现。

（1）电视媒体

体育爱好者大都会因赛事转播时间冲突而烦恼。但是现在通过大数据分析知识，开发者开发了可以根据运动数据流分析数据的应用程序 RUWT，让体育爱好者知道他们应该转换到哪个频道去看自己想看的节目。换言之，RUWT 就是根据赛事的紧张激烈程度对比赛进行评分排名，使用户可找到值得收看的赛事。电视媒体与大数据结合概念图如图 5-8 所示。

（2）公路交通

很多人都经历过交通拥堵情况，更不要说可怕的节假日高速拥堵了。当前通过大数据的统计分析，可以提前预知某路段在某时会发生拥堵，并提示司机以最优线路出行。如图 5-9 为交通拥堵。

图 5-8　电视媒体与大数据结合概念图

图 5-9　交通拥堵

（3）社交网络

随着互联网的快速发展，各种社交平台不断涌现。如 QQ、微信、微博等，由此产生了大量的社会学、传播学、行为学、心理学、人类学等众多领域的社交数据。各个行业都花费很大精力对这些数据进行挖掘分析，以便更加精确地把握事态动向。如图 5-10 为互联网社交概念图。

（4）医疗行业

医疗行业使用大数据技术统计处理大量与病人相关的临床医疗信息。比如，针对早产婴儿，每秒钟有超过 3000 次的数据读取。通过对这些数据进行分析，医院能够科学预测哪些早产婴儿会出现问题，并采取有针对性的措施，避免早产婴儿夭折。医疗与大数据结合概念图如图 5-11 所示。

图 5-10　互联网社交概念图

图 5-11　医疗与大数据结合概念图

（5）保险行业

大数据的应用为瞬息万变的保险行业提供了有效的支持,能够帮助保险公司识别潜在保险危机行为客户,也是促进保险公司提升行业竞争力的重要手段。保险行业大数据分析存在四个切入点:助力产业结构化、客户视角营销、核保管理和危机管理。

①助力产业结构化。

随着保险行业竞争越来越激烈,保险公司若想从行业中脱颖而出,就需要提供价格低于竞争对手的保险产品,以及更有效的经营模式和一流的客户服务。大数据分析能够有效地帮助保险行业提升业务能力。

②客户视角营销。

客户选择保险产品更侧重于价格透明的。保险公司可以根据大数据分析进行客户需求预测,可以提前获取客户信息,从而找到改进关系的最佳时机。通过大数据分析客户需求,保险公司可有效地进行客户营销。

③核保管理。

④危机管理。

利用大数据分析进行保险条款业务设计,可将诸多因素,如历史因素、政策变化因素、再保因素等融入灾难型业务中。保险公司可根据个人住址、消防中心距离等其他因素对灾难保险业务的价位进行区分设计,有利于保险业务收入增长。同时,保险公司也可利用大数据为其现有的保险业务模式进行升级,可随时按需进行市场价格策略调整。

大数据还可以帮助保险公司进行需求规划改进,并降低运作成本,同时有效支持业务规划与实施。保险行业概念图如图 5-12 所示。

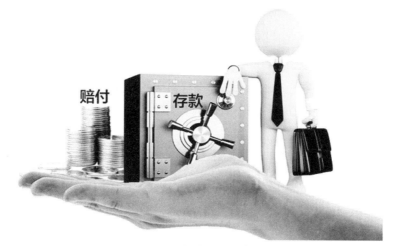

图 5-12　保险行业概念图

4. 社会生活

经常上网的人可能会发现,浏览网页的时候,旁边的广告栏中竟然出现了自己曾在购物网站搜索过的商品。中科院软件所曾帮助淘宝网进行广告排序改进,通过抓取淘宝网近 900 万条广告点击数据,从广告类目、展现位置、商品价格、图片内容等对用户行为分析,建立用户偏好模型,从而帮助淘宝网加大销售量。图 5-13 为万物互联概念图。

图 5-13　万物互联概念图

5. 零售业

零售商通过大数据制定更好的计划与决策,更加深入地了解顾客需求,并挖掘隐藏在其中的趋势,展现新的特色。它主要通过顾客行为数据分析、店内个性化体验、定向宣传等方式的优化吸引顾客。

（1）顾客行为数据分析

当前,顾客购物的方式多种多样,如移动设备、社交媒体、门店、电子商务网站等。因此需要汇总分析数据的难度也陡然上升,但收获也是巨大的,可以获取哪些顾客是最能产生价值的,顾客购买更多商品的动力是什么,消费模式是怎样的,与顾客互动的最佳方式与时机是什么等信息。

（2）店内个性化体验

就不同营销策略对顾客行为产生的影响进行相应的统计,依据顾客的购买和浏览记录,确定顾客需求与兴趣,为顾客量身定制店内体验。监测店内顾客习惯,并及时采取行动,促使顾客当场完成购物。

（3）定向宣传

顾客信息的互动行为多于交易行为,而互动发生在社交媒体等多种渠道。根据这种趋势,零售商对顾客在互动过程中生成的数据进行分析,将顾客的购物记录和个人资料与社交媒体行为结合,分析其数据情况,从而进行商品推广。图 5-14 为智能超市局部。

图 5-14　智能超市局部

大数据的行业改变才刚刚开始。各个行业都在深入挖掘大数据的价值,研究大数据的深度应用,大数据在各行各业的全面深度渗透将有力地促进行业格局重构,驱动生产方式和管理模式变革,推动制造业向网络化、数字化和智能化发展。电信、金融、交通等行业已利用积累的丰富数据资源,积极探索客户细分、风险防控、信用评价等大数据在本行业的应用,以加快服务优化、业务创新和产业升级。

技能点 3　云计算技术与应用

云计算是一种为使用者提供资源的网络,而这种网络是随时随地可以使用的,可以无限扩展。使用者按需使用,就像是在家中使用自来水一样,需要时就打开"水龙头",付费使用即可。

1. 基本概念

云计算(cloud computing)是分布式计算的一种,指的是通过网络"云"将巨大的数据计算处理程序分解成无数个小程序,然后,通过多部服务器组成的系统处理和分析这些小程序得出结果并返回给用户。该技术的强大之处就在于可以在短时间内,对大量数据进行快速处理,而这种快速高效的处理数据方式正是当今时代所需要的。

随着云计算技术的不断发展,其含义也在不断变化,如今云服务已经不单单是一种分布式计算,而是分布式计算、网络存储、负载均衡、效用计算、并行计算、热备份冗杂和虚拟化等计算机技术混合演进并跃升的结果。云计算概念图如图 5-15 所示。

图 5-15　云计算与生活息息相关

2. 云计算的优势特点

云计算具有高灵活性、高扩展性和高性价比等,与传统的网络应用模式相比,其具有以下优势与特点。

(1)独特的虚拟化技术

虚拟化是云计算的基础,简单来说就是在一台物理服务器上运行很多"虚拟服务器"。云计算能够实现虚拟化,突破了时间、空间的界限。它通过虚拟平台对相应终端操作完成数据备份、迁移和扩展等。

(2)高兼容性

目前市场上大多数网络资源都支持虚拟化,但需要统一存放在云系统中进行管理,因此云计算的兼容性很强,对于不同产品、规格都可进行存放,同时提高计算能力。

（3）高性价比

将数据信息放置在一起进行管理是高效的,用户无需承担高额的费用和存储空间。

（4）按需部署

应用云计算平台的用户会按照需求部署服务器,不同的应用对应的数据资源库不同,所以用户运行不同的应用需要较强的计算能力对资源进行部署,而云计算平台能够根据用户的需求快速配备计算能力及资源。

（5）可扩展性

用户可以利用应用软件的快速部署条件更为简单快捷地将自身所需的已有业务以及新业务进行扩展。无论设备是否发生故障,均可以利用计算机云计算具有的动态扩展功能来对其他服务器开展有效扩展。这样一来就能够确保任务得以高效完成,提高计算机云计算的操作水平。

3. 人工智能与云计算的联系

人工智能的实现要依靠海量的数据训练学习和强大的运算能力,云计算能力可以通过云计算获得,在人工智能领域为了实现人工智能任务处理多样化,必须使用大量的相关数据信息作为人工智能基础。云计算的发展恰好满足了人工智能的需求,两者的互相作用也使得人工智能和云计算都能得到良好的发展。开放的人工智能平台与大数据和云计算技术相结合,构成了支撑人工智能的基础设施,以深度学习、强化学习、知识图谱为代表的人工智能技术为数据中心能量管理提供了理论基础和工具。

4. 应用场景

现在,云计算技术已经得到了充分的发展。最为直观的就是网络搜索引擎以及网络邮箱服务。网络搜索引擎经过不断革新,经由云计算技术改造,可以时时刻刻搜索资源信息,速度极快。网络邮箱服务也提升了速度,成为各个公司或者个人沟通交流的重要工具。只要在网络环境下都可以实现邮件的寄发。云计算的实际应用不止于此,它在金融、交通、医疗、教育等领域也都具有一定影响,云计算应用如图 5-16 所示。

图 5-16　云计算应用

（1）"双 11"全球购物狂欢节

自从网络购物兴起，各种购物节也不断涌现，优惠的价格、超低的折扣等促销手段，使得用户们不惜熬夜也要清空购物车。"双 11"购物节广告如图 5-17 所示。

以天猫商城为例，2021 年"双 11"成交额突破了 1 亿元大关。截至 2021 年 11 月 12 日零点，天猫"双 11"总交易额定格在 5403 亿。开售第一个小时，超过 2600 个品牌的成交额就超过 2020 年"双 11"首日全天。

图 5-17　"双 11"全球购物狂欢节

经过统计得到的数据令人震撼，但在短短一小时之内要进行如此大量数据的流通和处理，无疑是对开发人员和运行服务器的考验，面对潮水般的数据迸发，单一的服务器肯定是不行的，因此需要额外增加服务器，目的就是为了保证用户使用的流畅，不丢失数据信息。据统计，为满足 2021 年"双 11"活动需求，新增的服务器计算能力需超过 1000 万核，相当于在一天之内新增近百万的高端服务器。相当于在一秒钟之内阅读完 120 万本《新华字典》。面对这对于常人来说极致夸张的数据量，云计算技术提供了解决方案。而随着未来人工智能技术的不断成熟，将其引入数据处理，能够进一步提升用户的体验，"卡顿""未响应"等情况将会逐步减少。应用于"双 11"性能的服务器如图 5-18 所示。

图 5-18　应用于"双 11"性能的服务器

（2）存储云

存储云，是在云计算技术上发展起来的全新的存储技术，是一个以数据存储和管理为核心的云计算系统，又称云存储。顾名思义，存储云可以让用户将本地的资源上传至云端，在任何地方连入互联网来获取云上的资源。一些大型网络公司例如谷歌、微软等均有存储云服务，百度云和微云则是国内市场占有量最大的存储云。但存储云也不单单只有数据存储功能，它还可向用户提供存储容器服务、备份服务、归档服务和记录管理服务等，大大方便了使用者对资源的管理，如图 5-19 所示。

图 5-19　华为关键业务云存储

（3）医疗云

传统医疗系统信息互通性差，患者在进行就医时身体状况不能被及时获取，反复诊断会造成大量医疗资源的浪费，因此人们使用云计算、移动通信、移动技术、大数据、多媒体以及物联网等新技术，再结合医疗技术，构建成医疗云系统。使用云计算来创建医疗服务云平台，运用共享数据来实现医疗资源的共享和医疗范围的扩大。医疗云提高了医疗机构的效率，方便了居民就医。现在医院的预约挂号、电子病历、医保等都是云计算与医疗领域结合的产物，医疗云还具有数据安全、信息共享、动态扩展、布局全国的优势，华为云医疗解决方案如图 5-20 所示。

（4）金融云

使用云计算强大的计算和存储能力，将模型、信息、金融服务等功能分散到庞大的分支机构中，这就是金融云。其目的是为银行、保险和基金等金融机构提供互联网处理和运行服务，同时共享互联网资源，从而改善传统金融行业存在的问题并且使得服务更加高效、成本更加低廉。如今基本普及了的快捷支付，很多金融服务在移动设备中即可使用。例如银行存款、购买保险和基金买卖等。现在，不仅仅阿里巴巴推出了金融云服务，像苏宁、腾讯等企业也推出了自己的金融云服务。蚂蚁金融云如图 5-21 所示。

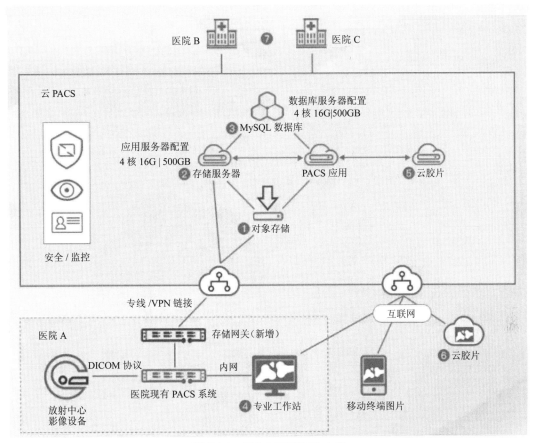

图 5-20　华为云医疗解决方案

图 5-21　开放蚂蚁金融云

（5）教育云

　　教育云就是将所有教学资源上传至云端，教师和学生通过访问云端来进行教学和学习，教育云为师生提供了一个方便快捷的学习平台。教育云解决方案如图 5-22 所示。

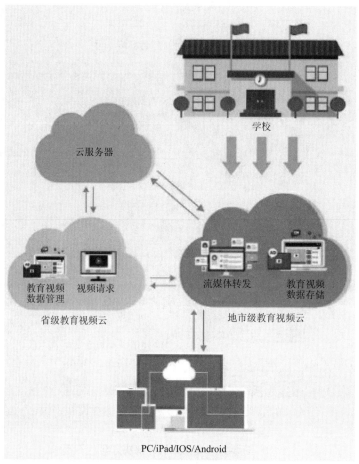

图 5-22　教育云解决方案

　　数字博物馆是通过技术手段,将实体博物馆移动至网络环境中。它通过音频讲解、实境模拟、立体展现等多种形式,让用户通过互联网即可身临其境地观赏珍贵展品,更便捷地获取信息、了解知识。它实现了电脑端和手机端的同步展现,让用户随时随地都能感受到历史文化的沉淀,足不出户逛博物馆。

　　(1)体验中国国家博物馆数字展厅

　　第一步,登录中国国家博物馆数字展厅。如图 5-23 所示。

人工智能与信息技术结合应用任务实施

图 5-23　中国国家博物馆数字展厅

第二步，点击选择"复兴之路"，进入该展厅。如图 5-24 所示。

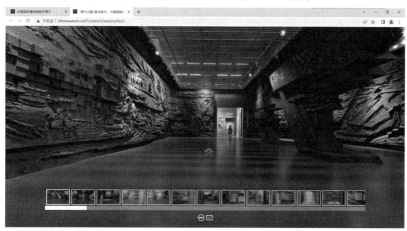

图 5-24　"复兴之路"展厅

第三步，在展厅中，若点击屏幕中的箭头则表示前进，也可通过下方列表，选择感兴趣的内容进行查看学习。如图 5-25 所示。

图 5-25　"复兴之路"展厅操作方式

第四步,可以拖动鼠标进行周围环境的查看。例如按住鼠标左键查看右方内容。如图 5-26 所示。

图 5-26　"复兴之路"展厅内容简介

第五步,点击屏幕中箭头前进,模拟在现实展厅中前行,选择不同的前进方向,可以参观不同的内容。如图 5-27 所示。

图 5-27　进入"复兴之路"下一展厅

课程思政:道路自信

通过参观中国国家博物馆数字展厅,感受我们选择中国特色社会主义建设事业实现途径的正确性。历史和人民选择了中国共产党、选择了社会主义道路。中华人民共和国成立以来,尤其是改革开放以来我国经济社会发展取得的巨大成就和进步,证明了我们的道路抉择是正确的,中国特色社会主义道路顺应时代潮流,符合党心民心。这条道路是党领导全国各族人民在艰难险阻中奋斗探索出来的成功之路,是经过历史和实践检验完全符合中国国情的强国之路,是能够使亿万人民群众过上幸福美好生活的富民之路。

（2）体验大数据技术

可视化数据大屏展示,面对诸多数据,单纯的表格显示会让用户抓不住重点,因此使用大屏幕来显示海量处理之后的数据,能够让数据"跃然屏上",展示真正的价值。这也是大数据技术的一个重点项目。

第一步,体验 ESENSOFT 的数据可视化项目。访问 ESENSOFT 页面,选择"DEMO 演示"。如图 5-28 所示。

图 5-28　大屏可视化平台体验首页

第二步,在"行业案例"中,选择"客运交通"。如图 5-29 所示。

图 5-29　大屏可视化平台 DEMO 演示

第三步,在"数据总览"中可以看到收集的道路运输信息数据,经过处理整合,按照运力发展趋势、供给能力、车辆资源、车辆维修、经营人数总和等进行了整理归纳,并以图标、数据的形式进行展示,辅助以版图模型能够使用户更加具体地查询到重点内容。如图 5-30 所示。

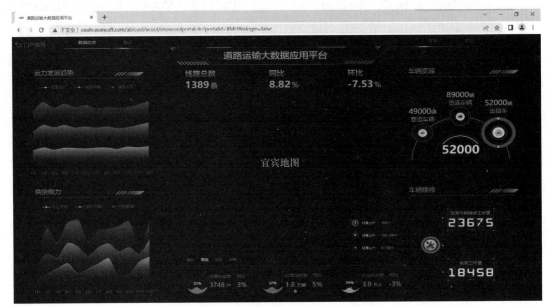

图 5-30　道路运输大数据应用"数据总览"

第四步,除了数据总览,也可以根据不同的方向进行数据归纳,例如选择"旅游"方向,如图 5-31 所示。根据出行旅游的数据,显示道路运输的数据内容。

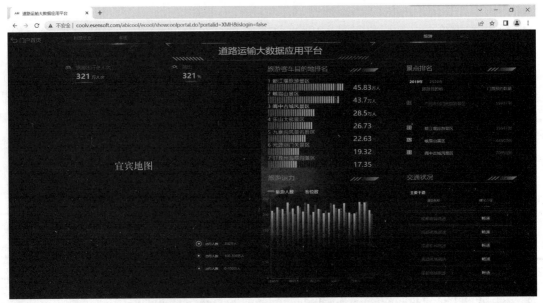

图 5-31　道路运输大数据应用旅游"数据总览"

　　第五步,体验 ESENSOFT 的可视化数据挖掘项目,数据挖掘平台可对接入数据进行可视化数据预处理和数据建模,并基于庞大的数据算法进行图形化数据探索,可以实现客户流失分析、风险分析、信用评价、关联推荐、预测、关系网络分析等各类数据的深入分析应用,能够帮助用户深度分析数据的规律,挖掘数据的价值。如图 5-32 所示。

图 5-32　ESENSOFT 的可视化数据挖掘项目

　　第六步,进行用户登录。如图 5-33 所示。

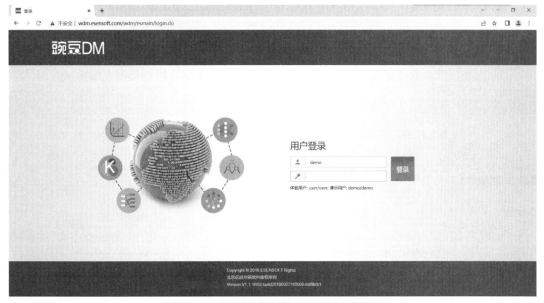

图 5-33　可视化数据挖掘项目登录界面

　　第七步,以"金融行业"信用评估为例,对数据进行挖掘并显示结果,顺序为"数据探

索""构建模型""模型应用"。在"数据探索"中,呈现了当前业务数据的现状。如图 5-34
所示。

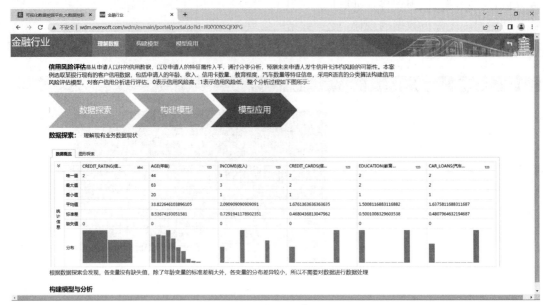

图 5-34　"数据探索"界面

　　第八步,应用对应的脚本,构建模型。如图 5-35 所示。

图 5-35　构建模型

　　第九步,在"模型应用"中,依据构建完成的模型,对数据进行分析,并以统计图、列表等
形式显示在页面中。如图 5-36 所示。

图 5-36　模型应用

本次任务通过对应用虚拟现实技术的中国国家博物馆数字展厅和大数据技术的讲解,使人体验了虚拟现实技术的实现效果,了解了大数据技术构建模型、应用模型的方式,加深了对于虚拟现实技术的理解,学习了应用大数据的方法。

virtual reality	虚拟现实	cloud computing	云计算
Search Engines	搜索引擎		
big dat	大数据	Cultural Relic	文物

virtual reality　　　虚拟现实　　　　cloud computing　　　云计算

big dat　　　　　　大数据　　　　　Cultural Relic　　　　文物

Search Engines　　　搜索引擎

一、选择题

1. 下列有关人工智能和虚拟现实的说法错误的是(　　　)。

A. 虚拟对象逐渐智能化

B. 交互方式逐渐智能化

C. 虚拟现实内容研发与生产逐渐智能化

D. 触感方式逐渐智能化

2. 大数据技术是一项新兴技术,下列有关大数据技术说法正确的是(　　)。

A. 大数据的本质就是海量的、多维度的、多形式的数据

B. 大数据就是大量数据的集合

C. 大数据就是收集海量的数据

D. 收集数据之后无需进行额外处理

3. 下列关于云计算的说法错误的是(　　)。

A. 可以在很短的时间内(几秒钟)完成对数以万计的数据的处理

B. 现阶段所说的云服务就只是一种分布式计算

C. 云计算是分布式计算的一种

D. 通过网络"云"将巨大的数据计算处理程序分解成无数个小程序并在多部服务器组成的系统内进行处理和分析,得出结果并返回给用户

4. 下列关于人工智能与大数据的关系的说法错误的是(　　)。

A. 人工智能需要大量的数据来作为创新和发现的基础

B. 大数据需要人工智能技术进行数据价值化操作

C. 人工智能是一种计算形式,它不允许机器执行认知功能

D. 大数据主要目的是通过数据的对比分析来掌握和推演出更优的方案

5. 下列关于人工智能与云计算的说法正确的是(　　)。

A. 人工智能在发展的过程中,必须依靠海量的数据作为基础

B. 对于人工智能在发展的过程中,必须依靠强大的计算背景与平台以及知识理论作为支撑,而云计算技术的发展也正好满足了人工智能的需求

C. 人工智能理论和技术迅速发展,开放的人工智能平台与大数据和云计算技术相结合,构成了支撑人工智能应用的基础设施

D. 以上说法均正确

二、填空题

1. 虚拟现实是通过计算机产生的_____,将其与各种输出设备结合转化为能够让人们感受的现象。

2. 虚拟现实有以下特征:_____、交互性、想象性。

3. 人工智能可以使得虚拟现实的交互方式更加_____,将视觉、听觉、嗅觉等感官能力提升。

4. 大数据技术是一项新兴技术,它的本质就是_____、多维度、多形式的数据。

5. 云计算是_____的一种,指的是通过网络"云"将巨大的数据计算处理程序分解成无数个小程序,然后,通过多部服务器组成的系统进行处理和分析这些小程序得出结果并返回给用户。

三、简答题

1. 云计算有哪些优势?

2. 人工智能与云计算的联系是什么?

项目六 人工智能机器终端应用

- 了解无人驾驶的概念
- 掌握无人驾驶的关键技术
- 熟悉智能机器人的相关概念及分类
- 培养了解智能终端的能力

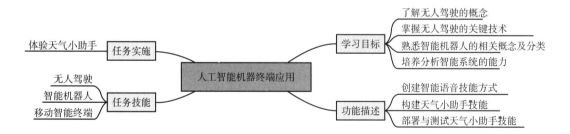

【情境导入】

经过几十年的发展,越来越多的行业开始运用人工智能技术,这使得智能终端产品快速占领市场,成为人们生活中的重要组成部分,占用了使用者大量碎片时间。通过智能终端产品,能够给用户提供更加优质的体验。

【功能描述】

- 创建智能语音技能方式
- 构建"天气小助手"技能
- 部署与测试"天气小助手"技能

技能点 1　无人驾驶

无人驾驶技术通过人工智能、视觉运算、雷达、电子控制设备以及全球定位系统的协同配合，使计算机在没有人类或其他主体操作的情况下主动安全驾驶。无人驾驶已有数十年的历史，在 21 世纪初呈现出接近实用化的趋势。

1. 无人驾驶概述

无人驾驶又称自动驾驶、电脑驾驶或轮式移动机器人，是一种通过电脑系统实现无人驾驶的智能机器。现阶段的无人驾驶分为两类，第一类与今日的交通工具相似，在某些情况下接管了驾驶员的操作，如图 6-1 所示。

图 6-1　无人驾驶接管驾驶员操作

而第二类与现有交通工具有所不同，方向盘将完全消失，驾驶员不必再进行任何操作。无人驾驶概念图如图 6-2 所示。

图 6-2　无人驾驶无需驾驶员操作

　　无人驾驶技术是人类在长时间行车实践中,对"周围环境认知——决定与计划——操控与运行"流程的认知、掌握与记忆的物化。无人驾驶系统是一种复杂的、软硬件融合的智能自动化体系,运用了自主控制技术、现代传感器技术、电子计算机、信息系统和通讯信息技术以及人工智能等。

2. 无人驾驶的优点

　　随着人类日常生活方式的改变以及对安全的关注,无人驾驶技术在未来可能改变人类出行方式。例如:无人驾驶汽车有时比人驾驶汽车更加安全。无人驾驶汽车不仅融合了各种科技,更关键的是具备诸多优势,并形成了未来发展的方向。目前无人驾驶汽车的主要优点如图6-3所示。

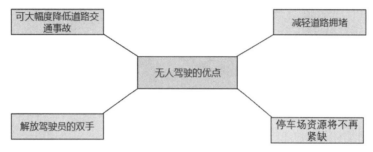

图 6-3　无人驾驶汽车的优点

　　①可大幅度降低道路交通事故。据世界卫生机构的统计,全球一年大约有125万人死于车祸,而我国的道路交通事故致死总数为6万人,排名全球第二位。而很多事故就是司机无法长期专心驾驶或者无法处置紧急复杂的交通情况所导致的。

　　②减轻道路拥堵。车联网能够把路面上的车辆连接起来,依据道路通行情况确定哪条道路通行顺畅或拥堵,以便更好地设计行驶路径。这不但可以减轻道路拥堵,而且可以减少出行费用。

　　③解放驾驶员的双手。无人驾驶技术发展成熟后,汽车可以全部由控制系统控制,甚至不需要方向盘,从而实现全程不需要人的控制,这就使人获得了更多的自主时间。

　　④停车场资源将不再紧缺。市民拥有的无人驾驶汽车,能在到达目的地后自行找到泊车地点,这不但可以大大节省时间,也可以减轻停车场压力。

3. 无人驾驶在各个领域的应用

　　无人驾驶技术的应用不仅限于私家车驾驶,还适用于诸多领域,比如物流、工程、航拍、安防、港口、环卫等领域。

　　(1)物流领域

　　基于技术升级的新型零售物流配送系统,随着智能技术的发展与应用从整体规模化走向具体场景的应用,储存、搬运、物流配送等多个环节的智能化、数字化,成为各个物流公司的重要发展策略,而无人技术成为其关键一环。

　　物流无人技术由实验室的概念逐渐发展成熟并进入商业场景,无人仓、无人机、无人重卡车、无人物流车辆等开始逐渐走进大众视线,我国物流产业也开始步入了全面无人化的新时期。无人驾驶技术可以自动规划线路将货物更加快速地送达客户手中,增强客户体验的同时还可以提高物流公司的工作效率,降低运营的成本。无人配送车如图6-4所示。

图 6-4　无人配送车

（2）工程领域

在工程领域，很多卡车、挖掘机实现了无人驾驶，驾驶员不需要通过系统控制或是软件调整就能够灵活操作。希迪智驾公司研发的纯电无人矿卡，如图 6-5 所示。

图 6-5　纯电无人矿卡

（3）航拍和安防领域

在军事领域，无人驾驶飞行器主要包括侦察机和靶机。侦察机用来进行作战侦查与监控、定位校射、目标摧毁评价、电子设备战等；靶机可用作大炮、导弹等的靶标。在民生领域方面，无人驾驶直升机也可用于航空、农用、植保、微型自拍、物流搬运、灾害救助、野生动物观赏等，如图 6-6 所示。

图 6-6　无人驾驶飞行器

（4）港口领域

港口每年都要进行大批的物资吞吐，对卡车司机的需求量很大。对于海港企业来说，采取经济合理的办法，逐步完成已建集装箱水平运输自动化，是其向国际一流海港靠拢的必经之路。

无人驾驶技术在海港及码头场景的转化运用中，能有效克服驾驶员开车线路不精确、易疲劳等问题，从而可节省人工成本。

我国一汽解放和忠旺集团为港口作业而研发的 ICV（Intelligent Container Vehicle）港口集装箱水平运输专用智能汽车是我国境内首次实现港口示范运作的人工智能驾驶车辆水平运输汽车。另外，青岛、厦门、天津等大中城市的海港率先开展了无人化、自动化的应用，形成了高技术的智能化海港。无人驾驶搬运汽车如图 6-7 所示。

图 6-7　无人驾驶搬运汽车

（5）环卫领域

无人驾驶清扫车可以主动辨识周围环境，设计路线并自行清扫，完成全自动、全工况、精细化、高质量的清扫工作,在没有出现无人驾驶技术之前,环卫行业存在的主要问题有流程混乱、风险高、效率低,无人驾驶技术很好地解决了这些问题。

高仙机器人公司和浩睿智能共同研制的中国第二代环卫车辆已进入商业运营,首个落地产品将在河南鹤壁5G工业园展出。无人驾驶环卫车如图6-8所示。

图6-8　无人驾驶环卫车

4. 无人驾驶的关键技术

自主驾驶时驾驶员需要手脚眼脑四者协同合作,例如驾驶员驾车经过路口时,首先需要使用眼睛观察车与红绿灯的距离,随后思考是否可以在规定时间通过,最后手脚配合控制方向盘脚刹通过路口,无人驾驶技术就是仿照了这种模式,运用了感知、决策、执行三个架构来驾驶车辆设备,自主驾驶和无人驾驶的对比如图6-9所示。

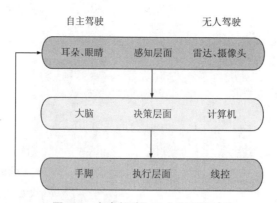

图6-9　人类驾驶和无人驾驶的对比

无人驾驶技术是传感器、计算机科学、新一代人工智能、互联网通信、导航定位系统、模型辨识、机器视觉、新一代人工智能管理等多门先进学科的集合。无人驾驶技术三个层面的详细描述如表6-1所示。

表 6-1　无人驾驶技术的三个层面

名称	详细描述
感知层面	可以理解为人的眼睛和耳朵。它由雷达、摄像机、红外线探测器等构成，能够利用设备发射的雷达波、红外线及机械视觉等技术手段，了解设备周围数百米的状况，同时也能够识别出行人、汽车、自行车、车道线、路面标线、红绿灯等
决策层面	可以理解为人的思维。设备的内核是单片机、传感器，在接收到从感知层面传来的指令之后，将进行加速、减速、转向、变道等动作
执行层面	可以理解为人的手脚。主要部分有电子转向结构、电子刹车结构、电子驱动结构，接收到从控制层面传来的命令，可以进行转向、加减速、变道等动作

根据无人驾驶的功能模块，无人驾驶的技术涉及导航定位、环境感知、决策控制、路径规划等方面。

（1）导航定位

导航定位技术是无人驾驶的眼睛，用来确定自身的位置，可以用来规划路线以及任务。导航主要可分为自主导航与互联网导航两类。如图 6-10 所示。

图 6-10　导航定位技术

（2）环境感知

环境感知技术可以使无人驾驶了解自身及周围环境的状态。无人驾驶设备装载了雷达、摄像头、导航设备，可以将周围的环境以及自身的情况传递给无人驾驶设备，如图 6-11 所示。

图 6-11　环境感知技术概念图

（3）决策控制

决策控制技术可以使无人驾驶设备把从感知系统中得到的信号做出决策及判断，一般涉及模糊判断、增强教学、神经网络和贝叶斯网络等关键技术。当设备接收到来自传感器处理过的交通信息（包括其他车辆、行人、交通标志）的时候，会自动做出判断，如图 6-12 所示。

图 6-12　决策控制技术

（4）路径规划

路径设计是无人驾驶设备信息传感与智慧管理的重要桥梁，是汽车实现主动驾驶的重要基石。路径设计的目标是在有障碍物的场地中根据相应的判断要求，寻求一个在初始阶段的速度和状态达到目标阶段的无碰途径，如图 6-13 所示。

图 6-13　路径规划技术

5. 无人驾驶实际案例

东风风神自动驾驶出租车是对无人驾驶技术的一次大胆尝试，其配备有高清摄像头、激光雷达、毫米波雷达等传感设备组成的环境感知系统，搭载有北斗导航等高精度定位系统。

利用 5G 通信技术,车载超级计算机能够快速识别和应对各类复杂交通场景,如图 6-14 所示。

图 6-14　自动驾驶出租车

该车自动驾驶系统通过融合无人驾驶套件产生的感知数据,结合无人驾驶核心算法,实现云平台对接、V2X 车路协同和城市道路自动驾驶的功能,如图 6-15 所示。

V2X 表示车对外界的信息交换(Vehicle to X),其中 X 表示基础设施(Infrastructure)、车辆(Vehicle)、行人(Pedestrian)、道路(Road)等。V2X 集成了 V2N、V2V、V2I 和 V2P 共四类关键技术。

①V2N(Vehicle to Network):通过网络将车辆连接到云服务器,使车辆能够使用云服务器上的娱乐、导航等功能。

②V2V(Vehicle to Vehicle):不同车辆之间的信息互通。

③V2I(Vehicle to Infrastructure):包括车辆与路障、道路、交通灯等设施之间的通信,用于获取路障位置、交通灯信号时序等道路管理信息。

④V2P(Vehicle to Pedestrian):车辆与行人或非机动车之间的交互,主要提供安全警告。

V2X 技术的实现一般基于 RFID、拍照设备、车载传感器等硬件平台。

图 6-15　东风风神自动驾驶出租车运用 V2X 车路协同

这批自动驾驶出租车均配备有安全员。正常情况下,安全员不会触碰方向盘、油门及刹车踏板。只有遇到紧急情况,安全员才会主动接管车辆,确保行车安全,如图6-16所示。

图 6-16　自动驾驶出租车配备安全员

技能点 2　智能机器人

机器人是一种用于自动执行工作的机器装置,这种装置可以听从人的指令和执行编排好的程序。除此之外,机器人还可以根据人工智能的相关技术原则和纲领进行操作和完成任务。机器人的主要作用是帮助人类进行一些复杂的工作和代替人类完成一些简单的任务。一般应用于生产业、建筑业、客服业等场景。

课程思政:科技创新

　　早在春秋时期,工匠鲁班曾惹其母生气,其母因此茶饭不思,鲁班很是着急。为了哄母亲开心,鲁班废寝忘食,花费两天时间用木材制造了一只大鸟。《墨子》中记载:"成而飞之,三日不下。"说的就是这只木鸟上天后,飞了三天三夜都没落地的事情。三国时期、诸葛亮充分利用齿轮原理制作了木牛流马,南北朝时期、祖冲之制作的利用铜制齿轮传动机构的指南车,汉末魏晋时期、用齿轮传动记载距离的自动装置记里鼓车等都包含了大量的机械原理。

1. 智能机器人概述

智能机器人与传统机器人的区别在于,智能机器人有发达的"大脑",在智能机器人体内都会有一个中央处理器。当操作者下达命令后,中央处理器可以指导智能机器人的行动,但是智能机器人没有像人那样的器官,只是具备了各种各样的传感器。除此之外,智能机器人还具有不同的效应器,效应器可以让智能机器人通过自我控制来对外界环境产生作用,相当于人类的"筋骨"。在这些机器的相互配合及作用下,智能机器人才可以具有和人一样的行为,智能机器人概念图如图 6-17 所示。

图 6-17　智能机器人概念图

2. 智能机器人的分类

智能机器人的智力活动是通过计算机的运算来完成信息处理,和人类的脑力活动相似,都是一个信息处理的过程,机器人的快速发展,节省了工作成本,提高了工作效率,缓解了人口老龄化带来的劳动力不足等问题。根据智能程度的高低智能机器人可以分为三类。

(1)传感型机器人

传感型机器人只可以运用传感器来进行信息的传递,自身并不存在任何的智能单元。这种类型的机器人一般由外部的计算机来控制。外部的计算机带有完整的智能处理单元,根据机器人采集的信息,可以控制机器人的行为动作,如图 6-18 所示。

图 6-18　传感型机器人

(2)交互型机器人

交互式机器人拥有人类的"嘴巴",可以进行人机之间的对话,这类机器人具备了处理与决策的能力,但是交互型机器人还是会受到外部计算机的控制,不能完成相对复杂的智能行为,只能进行简单的行动。如图 6-19 所示。

图 6-19　交互型机器人

（3）自主型机器人

自主型机器人拥有感知、决策、处理等应用系统，不受到外部计算机或人的控制，即可完成各种复杂的智能行动，可以模仿人类的思考方式，可以对各种问题进行独立且自主的分析和处理。自主型机器人拥有两个最重要的特点，一是自主性，二是适应性。如图 6-20 所示。

图 6-20　自主型机器人

3. 各个行业的智能机器人

为了适应不同行业的需求，机器人的用途也各式各样，机器人技术也逐渐向成熟迈进。比较常见的应用机器人的领域有工业机器人、特种机器人、服务机器人。

（1）工业机器人

工业机器人能够通过自身的动力和控制能力实现自动执行工作，其原理是通过人类的指挥或预先编排的程序进行操作。工业机器人的迅速发展得益于 1962 年美国研制的第一台工业机器人。传统装备向先进装备的转换，让机器人研发者在自动化生产线这个应用上看到了巨大的商机，同时机器人分布的低密度也为市场的开拓提供了条件。

工业机器人经过不断发展，在越来越多的领域得到应用，从汽车制造业到其他制造业，再到建筑业、采矿业等各种非制造行业，工业机器人的水平在不断提高，涉及的范围在不断扩大。

工业机器人可以进行多个层次的分类,比如按照机器人的技术等级进行分类,可分为示教再现机器人、感知机器人、智能机器人等。

①示教再现机器人可以通过人类或者示教器完成轨迹、行为、顺序和重复性作业,主要由机器人本体、执行机构、控制系统和示教盒 4 部分组成,示教再现机器人如图 6-21 所示,其中左图为人类手把手示教,右图为示教器示教。

图 6-21　示教再现机器人

②感知机器人也称第二代工业机器人,装有环境感知装置,能够根据环境、情景的不同做出相应的改变。配备感觉系统的机器人如图 6-22 所示。

图 6-22　配备感觉系统的工业机器人

③智能机器人为第三代工业机器人,具备能够根据发现的问题自主判断并解决该问题的能力。智能机器人拥有视觉、听觉、触觉、嗅觉等传感器,除此之外还有效应器,能够自主控制手、脚、鼻子、触角等。

智能机器人拥有感觉、反应和思考等能力。其能够理解人类的语言并和人类进行对话,能够调整自己的动作来满足操作者的需求。智能机器人如图 6-23 所示。

图 6-23　智能小机器人

（2）特种机器人

特种机器人由传感器、自动控制系统和遥控操作器组成，它可以代替人们在危险、恶劣的环境下完成特殊作业，相较于一般的机器人更加灵活。

①履带式机器人主要是指在底盘上搭载履带的机器人，相较于其他机器人，履带式机器人具有不易打滑、越障能力强的特点，它可以代替人类从事排爆、探测等危险工作。如图6-24 所示。

图 6-24　履带式机器人

②爬行机器人的种类繁杂，不同的功能或行动方式就可以创造出不同用途的爬行机器人，如蜘蛛式爬行机器人、管道爬行机器人、清洗爬行机器人等。如图 6-25 所示。

图 6-25　爬行机器人

　　③机器梭子鱼可以在水中自由游动,它是由玻璃纤维制作而成的,可以代替人类完成一些水中的勘察工作。如图 6-26 所示。

图 6-26　机器梭子鱼

　　④机器水母长着许多触角,里面充满着氦气,它可以监测鱼类的动向、探测化学品的溢出,甚至能监测水中的潜艇和船只,机器水母的最大优势是它的伪装性。如图 6-27 所示。

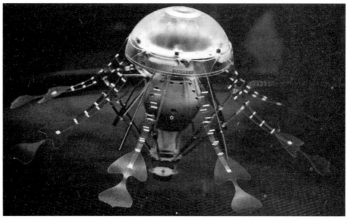

图 6-27　机器水母

⑤机器蜻蜓拥有轻量化的装置和身体，其在空中的灵敏度与真正的蜻蜓相差甚少，可以在任何方向进行飞行。如图 6-28 所示。

图 6-28　机器蜻蜓

（3）服务机器人

服务机器人服务于各式各样的领域，分为专业领域服务机器人和家庭个人领域服务机器人。它们主要从事清洁、保安、救援、监护、运输、保养、修理等工作。服务机器人可以说是一种根据人类指令进行的全自动或半自动的机器人，它的出现减轻了服务人员的负担，能帮助人类分担一些不能达到或比较耗时、费力、安全系数较低的工作。市面上出现的服务机器人主要分为以下几种。

①手术机器人使得外科医生的双手不必触碰患者即可完成手术，甚至医生与患者在不同地区依旧可以进行手术。手术机器人大多数用于较为精细的操作，例如恶性肿瘤手术、心脏手术等。如图 6-29 所示。

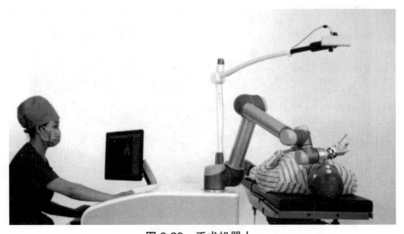

图 6-29　手术机器人

②护士助手机器人可以在人的控制下将所需的药品或者卫生用具提供给病人,它可以有效避免伤者二次感染,减轻医护人员的劳动强度,提高病房的自动化水平。如图 6-30 所示。

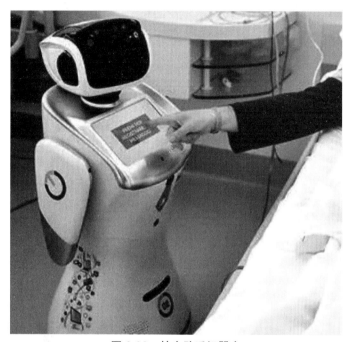

图 6-30 护士助手机器人

③智能轮椅是一种具有视觉和口令导航功能并能与人进行语音交互的机器人。如图 6-31 所示。

图 6-31 智能轮椅

④爬缆索机器人可以攀爬缆索并在高空中完成相应的工作，它可以在高空中判断钢丝是否有断裂并可以清洗缆索，可沿任意的角度爬升。如图 6-32 所示。

图 6-32　爬缆索机器人

技能点 3　移动智能终端

移动智能终端是指拥有多种应用功能的智能移动设备，它搭载了各种智能操作系统，其运用的主要技术有人工智能技术以及生物识别技术等。生活中常见的移动智能终端包括智能手机、车载智能终端、可穿戴设备等。

掌上智能终端可以利用神经网络实现自主学习，从而能够不断自我完善，并能够根据用户的生活习惯，按照用户的个人偏好向其提供服务并屏蔽相应资讯和信息。智能终端概念图如图 6-33 所示。

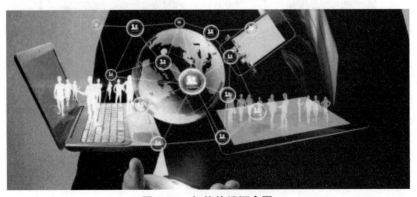

图 6-33　智能终端概念图

（1）人工智能手机

人工智能手机其实就是把在人工智能方面可以实现的部分技术应用在智能手机上。和以往科技革命不同的是,这些进步并非体现在简单的功能性改变上,而是把智能手机技术提高了一个台阶。如图 6-34 所示。

图 6-34　智能手机概念图

（2）PDA 智能终端

PDA 智能终端又称掌上电脑,可以在移动中工作、学习、娱乐等。PDA 主要应用在工业领域,常见的有条码扫描器、RFID 读写器等。如图 6-35 所示。

图 6-35　PDA 智能终端

（3）智能 POS 机

智能 POS 机搭载了智能操作系统，采用全触屏模式，具有支付收款功能与会员营销功能，被广泛用于连锁商超、高档酒店等场所。如图 6-36 所示。

图 6-36　智能 POS 机

（4）智能平板电脑

智能平板电脑是一种小型便携式个人电脑，触摸屏是其基本输入设备。用户可以通过手写识别、屏幕键盘和语音识别执行相关操作，例如小度智能学习平板基于 AI 算法的智慧测评，为选定知识点智能生成测试题目，完成测验即可生成分析报告，拥有全语音问答、指尖点读查词等人工智能技术。如图 6-37 所示。

图 6-37　小度智能学习平板

2. 智能穿戴设备

智能穿戴设备是应用穿戴式技术对日常穿戴进行智能化设计、开发出的可以穿戴的设备的总称，如手表、手环、眼镜、服饰等。通过这些设备，人们可以更好地感知外部和自己的信息、更有效地处理信息，并在计算机、网络甚至其他设备的帮助下实现更无缝的交流。如图 6-38 所示。

图 6-38　智能穿戴设备

（1）智能手表

智能手表具有人体健康监测功能，还可以扩展手机屏幕、显示消息和通知、进行移动支付，并连接到智能家居。其中一些具有完整的手机功能。如图 6-39 所示。

图 6-39　智能手表

（2）智能眼镜

智能眼镜可以添加议程、地图导航、与朋友互动、通过语音或运动与朋友拍照和视频通话，以及通过移动通信网络进行无线连接。如图 6-40 所示。

图 6-40　智能眼镜

3. 车载智能终端

车载智能终端系统结合了汽车里程定位技术、GPS 技术、车辆黑盒信息技术等，可对运营车辆进行控制管理，如运行控制、服务指挥、智能集中调配控制、电子站牌控制管理等。如图 6-41 所示。

图 6-41　车载智能终端

V600 智能车载终端可以根据不同车辆的使用要求，来配备不用的外接设备以及不同的功能，例如外接摄像头、身份识别设备和信息采集设备等。

①外接摄像头可以用来监控车辆外部及车辆内部的情况，以及时制止危险情况的发生，还可为相关部门提供视频凭证。如图 6-42 所示。

图 6-42　多路摄像头

②身份识别设备可以用指纹和磁卡来验证司机的身份信息，或者使用面部识别技术对乘客进行相关的核验。如图 6-43 所示。

图 6-43　身份识别

③信息采集设备可以实时对车辆的车速、油耗、转速等相关信息进行记录,当车辆发生异常时进行语音提示。如图6-44所示。

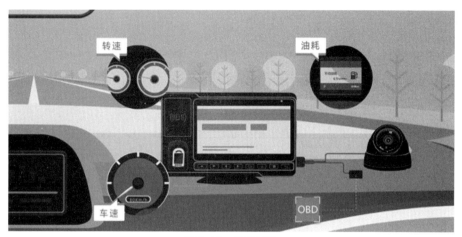

图6-44　信息采集

在智能机器人内部可由开发人员安装自定义技能,以此来定义机器人的能力,例如模拟创建语音技能"天气小助手"。

第一步:登录 AliGenie 技能应用平台,创建一个语音技能,选中语音技能分类,点击"创建技能",如图6-45所示。

人工智能机器
终端应用任务
实施

图6-45　创建技能

第二步：填写技能基本信息，选中"语音技能"中的个人技能，填写技能创建信息：技能名称和技能调用词，点击"确认创建"，如图 6-46 所示。

图 6-46 填写技能基本信息

第三步：配置语音交互模型，点击"意图"按钮进入创建意图页面，并且设置默认意图，如图 6-47 所示。

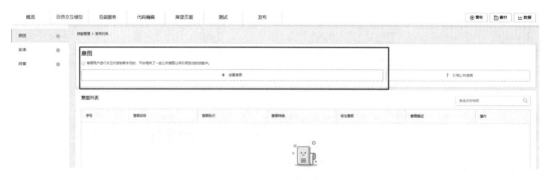

图 6-47 配置语音交互模型

第四步：设置"意图名称""意图标识"，并将这条意图设置为默认意图，设置好后点击"提交"，如图 6-48 所示。完成意图配置之后，如图 6-49 所示。

图 6-48　设置"意图信息"

图 6-49　完成设置意图

第五步：创建"天气查询"意图，填写意图名称和意图标识，如图 6-50 所示。

技能管理 > 意图列表 > **意图编辑**

意图信息

* 意图名称	天气查询
	长度20个字以内
* 意图标识	weather
意图描述	将显示在技能说明页面，要求在100个字内
设为默认意图	◯ 否

图 6-50　创建"天气查询"意图

第六步：配置单轮对话语料，在天气查询意图中配置语料，如图 6-51 所示。

单轮对话表达(4)

例句 ∨	输入常用表达语句，回车可添加

⬆批量导入

杭州天气怎么样

今天天气怎么样

杭州今天天气如何

杭州今天天气怎么样

图 6-51　配置单轮对话语料

第七步：配置实体和追问，创建"城市"实体，填写"实体名称"和"实体标识名"，如图 6-52 所示。

图 6-52　配置实体信息

第八步：添加"实体值"，例如北京、杭州、上海等城市名称，如图 6-53 所示。

图 6-53　添加"实体值"

第九步：创建"时间"实体，"时间"实体推荐使用公共实体 sys.date。点击"引用公共实体"，如图 6-54 所示。

图 6-54　引用公共实体

第十步：输入 sys.date 进行搜索，找到 sys.date 公共实体，打开后面的"引用"按钮，如图 6-55 所示。

图 6-55　创建"时间"实体

　　第十一步：将参数和实体进行关联。鼠标选中需要标注的词语，页面上会自动弹出支持标注的实体。如"杭州今天天气怎么样"这句语料，分别标注"杭州"为"city"，"今天"为"sys.date（公共实体）"。标注后会自动生成参数名称"city"和"sys.date（公共实体）"，如图6-56所示。

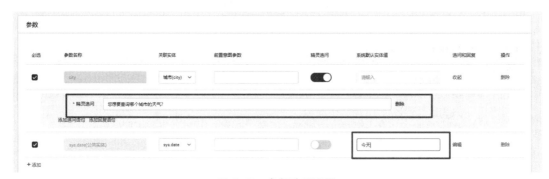

图 6-56　参数和实体进行关联

　　第十二步：参数追问配置。给"date"参数设置默认值和缺少"city"参数时向用户追问，如图6-57所示。

图 6-57　参数追问配置

　　第十三步：配置多轮对话语料。增加语料在意图配置中增加"那明天呢""那北京呢"语料，并把明天和北京分别进行标注，"明天"标注为时间实体，"北京"标注为城市实体，如图6-58所示。

图 6-58　配置多轮对话语料

　　第十四步：云开发部署后端服务，单击编辑部署，选择阿里云原生开发的方式，点击"关联阿里云账号"，登录后在团队注册页翻到页面底部，点击"同意授权"，如图6-59所示。

图 6-59　云开发部署后端服务

第十五步：云服务管理。查看所需云服务的名称和状态，依次开通所需要的云服务直到 4 个服务都是已开通状态，点击"完成并返回"按钮，如图 6-60 所示。

图 6-60　云服务管理

第十六步：返回到技能应用平台后，确认 4 个云服务资源均已开通，然后点击"创建技能应用"按钮，选择开发语言和开发模板进行创建，这里以"JAVA"空白模板为例创建应用，如图 6-61 所示。

图 6-61　创建技能应用

　　第十七步：点击"前往开发"，跳转至云阿里云云开发平台，自动进入 CloudIDE，平台会自动生成模板代码，查看代码路径 src/main/GenieEntry.java，可以直接在示例代码上进行开发，如图 6-62 所示。

图 6-62　后端开发

将下列示例代码 6-1，复制到 GenieEntry.java 文件中，替换原有的模板代码。

示例代码 6-1：GenieEntry.java

```java
package com.alibaba.ailabs;

import com.alibaba.ailabs.common.AbstractEntry;
import com.alibaba.da.coin.ide.spi.meta.AskedInfoMsg;
import com.alibaba.da.coin.ide.spi.meta.ExecuteCode;
import com.alibaba.da.coin.ide.spi.meta.ResultType;
import com.alibaba.da.coin.ide.spi.standard.ResultModel;
import com.alibaba.da.coin.ide.spi.standard.TaskQuery;
import com.alibaba.da.coin.ide.spi.standard.TaskResult;
import com.alibaba.fastjson.JSON;
import com.aliyun.fc.runtime.Context;
import java.util.ArrayList;
import java.util.List;
import java.util.Map;
import java.util.stream.Collectors;

/**
 * @Description 天猫精灵技能函数入口，FC
 *          handler: com.alibaba.ailabs.GenieEntry::handleRequest
 * @Version 1.0
 **/
public class GenieEntry extends AbstractEntry {

    @Override
    public ResultModel<TaskResult> execute(TaskQuery taskQuery, Context context) {
        context.getLogger().info("taskQuery: " + JSON.toJSONString(taskQuery));
        // ResultModel<TaskResult> res = new ResultModel<>();
        TaskResult taskResult = new TaskResult();
        // 从请求中获取意图参数以及参数值
        Map<String, String> paramMap = taskQuery.getSlotEntities().stream().collect(Collectors.toMap(slotItem -> slotItem.getIntentParameterName(), slotItem -> slotItem.getOriginalValue()));
        // 处理名称为 welcome 的意图
        if ("welcome".equals(taskQuery.getIntentName())) {
            taskResult.setReply(" 欢迎使用天气小蜜，使用小蜜可以查询天气哟 ");
            // 处理名称为 weather 的意图
```

```
    } else if ("weather".equals(taskQuery.getIntentName())) {
    //weather 意图中 date 参数勾选了必选,请求数据中一定会携带 date 参数,只需
要判断 city 参数有没有。
    if (paramMap.get("city") == null) {

        taskResult.setReply(" 您要查询哪个城市的天气? ");
        return askReply(taskResult, "city", taskQuery.getIntentId());
    }
    //TODO 根据参数获取天气信息,这里使用假数据替代
        taskResult.setReply(paramMap.get("city") + paramMap.get("sys.date( 公共实
体 )") + " 天气 晴 ");

        // 处理名称为 ari_quality 的意图
    }else {
        taskResult.setReply(" 请检查意图名称是否正确,或者新增的意图没有在代码
里添加对应的处理分支。 ");
    }
```

第十八步:"选择""部署"环境,打开 CloudIDE 左侧的部署调试插件,进入部署面板,选择"预发环境"进行部署,点击"部署"按钮进行部署,确认部署信息,点击"部署",如图 6-63 所示。

图 6-63　部署环境

第十九步:语音技能测试,进入测试模块,打开"在线测试",输入创建技能时设置的调用词"天气小蜜"并发送,测试欢迎意图是否配置成功,系统回复默认欢迎语则技能测试成功,如图 6-64 所示。

图 6-64　语音技能测试

本次任务讲解了如何构建、测试和部署"天气小助手"技能,通过本次任务的学习,加深

了对于人工智能应用的理解,熟悉了人工智能机器终端的基本知识,掌握了基本的人工智能技术,更好地理解了人工智能机器终端对人类生活的贡献,为未来学习更多的人工智能技术打下了基础。

Intelligent Container Vehicle		港口集装箱水平运输专用智能车	
GPS	全球定位系统	autonomous cars	自动驾驶汽车
self-driving cars	无人驾驶汽车	Geofencing	地理栅栏
Intelligence system	智能系统	Infrastructure	基础设施
Pedestrian	行人	Vehicle	车辆
ANN	人工神经网络		

一、选择题

1. 下列关于无人驾驶汽车优点叙述错误的是(　　　　)。

A. 减轻道路拥堵　　　　　　　　　B. 令传统汽车市场低迷

C. 解放驾驶员的双手　　　　　　　D. 停车场资源将不再紧缺

2. 关于无人驾驶汽车等级划分不正确的是(　　　　)。

A.0 级——无自动驾驶　　　　　　B.1 级——驾驶员辅助

C.2 级——部分自动驾驶　　　　　D.3 级——高度自动驾驶

3. 无人驾驶汽车的关键技术不包括(　　　　)。

A. 感知层面　　　　B. 驾驶层面　　　　C. 决策层面　　　　D. 执行层面

4. 有关智能机器人的分类不正确的是(　　　　)。

A. 工业机器人　　　B. 传感型机器人　　　C. 交互型机器人　　　D. 自主型机器人

5. 智能系统的应用不包括(　　　　)。

A. 视频监控系统　　　B. 智能搜索引擎　　　C. 智能网站　　　D. 电力系统

二、填空题

1. 无人驾驶汽车的优点有:可大幅度降低道路交通事故、_____、_____、_____、_____。

2. 智能机器人分为三类:_____、_____、_____。

3. 智能系统是能够产生人们智慧活动的计算机,拥有 _____、_____、_____ 等能力。

4. 智能机器人与传统机器人的区别在于,智能机器人有发达的 _____,在智能机器人体内都会有一个 _____。

5. 无人驾驶技术是人类驾驶员在长时间行车实践中,对"_____、_____、_____"流程的认知、掌握与记忆的物化。

三、简答题

1. 无人驾驶汽车的关键技术是什么?

2. 无人驾驶汽车等级是如何划分的?

项目七　人工智能与各行业融合

- 了解人工智能与其他行业的相互融合
- 熟悉智能安防的相关概述
- 掌握人工智能的相关知识
- 培养分析智能行业应用的能力

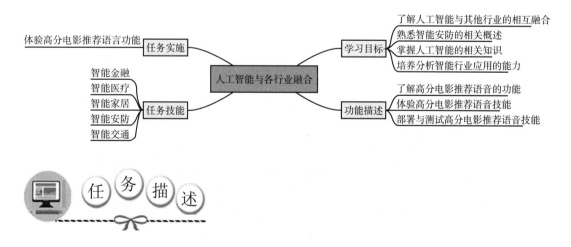

【情境导入】

如今,人们对人工智能的兴趣已经上升到新的高度,各行各业正在以人工智能应用率先落地的原始场景为起点,逐步实现更多场景的赋能延伸。很多习以为常的事物同样依赖人工智能,日常生活中随处可见人工智能的影子,例如:辅助手术的智慧医疗、推荐筛选高分电影的天猫精灵语音、协助警方破案的智能案情分析等。本项目通过体验高分电影推荐语音技能,使学生了解智能行业在未来的发展。

📑【功能描述】

● 了解高分电影推荐语音的功能
● 体验高分电影推荐语音技能
● 部署与测试高分电影推荐语音技能

技能点 1　智能金融

智能金融是以人工智能为代表的新技术与金融服务深度融合的产物,它依托于无处不在的数据信息和不断增强的计算模型,提前洞察并实时满足客户各类金融需求。人工智能、区块链、云计算、大数据等新技术的发展对传统金融业的影响不可忽视。

1. 智能金融概述

智能金融是人工智能和金融的全面结合,主要依托人工智能、大数据、区块链等,提升了金融服务机构的服务效率,拓展了金融服务的深度和广度,实现了金融服务的智能化和统一化。智能金融在人工智能领域不断成熟,因在对银行沟通客户、发现客户金融需求方面具有重要的作用,而不断获得金融行业的认同。人工智能与金融结合的概念图如图 7-1 所示。

图 7-1　人工智能与金融结合的概念图

2. 智能金融应用场景

人工智能在金融领域的应用多种多样,为金融行业的产品、服务渠道、服务方式、风险管理等金融需求带来创新和改变。在金融领域,人工智能主要应用于智能投顾、风险控制、身份验证、智能客服等。智能金融涉及人工智能中的机器学习、自然语言处理、人脸识别等知识。智能金融的应用领域和场景如表 7-1 所示。

表 7-1　智能金融的应用领域和场景

应用领域	所用 AI 技术	应用场景	未来发展预期	应用成熟度
征信、风投	自然语言处理 机器学习 知识图谱	知识图谱将提供更有深度、更有效的借款人、企业、行业间的信息维度关联，深度呈现企业、上下游合作商等信息	人工智能和大数据紧密联系	技术比较成熟，数据集缺乏
智能投顾	自然语言处理 机器学习 知识图谱	利用机器学习技术和相关算法，根据历史经验和市场信息预测金融投资的风险	可以代替人工投资顾问	技术处于发展阶段
智能客服	自然语言处理 知识图谱	使用语言处理技术实现客户意图的提起，使用知识图谱实现客服机器人的理解和答复	智能客服有望取代人工客服和机构客服	技术比较成熟
身份验证	人脸识别	通过人脸识别技术验证客户身份，通过"刷脸"的方式验证客户身份	人脸识别技术会广泛应用到金融领域	技术成熟
金融搜索引擎	自然语言处理 深度学习 知识图谱	深度学习方法用于数据的重复使用，引擎的迭代	机器学习对未来搜索引擎具有重大影响	技术较为成熟

智能金融对金融行业和金融机构起着至关重要的作用，它使金融行业的服务模式更加主动、处理业务的能力不断提升，因此各个公司开始研发相关应用。

（1）蚂蚁金服深度涉及人工智能

蚂蚁金服是阿里巴巴旗下的一款应用，研发蚂蚁金服应用的是一个专注于研究机器学习和深度学习领域的团队。通过人工智能与金融相结合的方式实现了使用互联网进行保险、征信、客服服务等功能，蚂蚁金服的图标如图 7-2 所示。

图 7-2　蚂蚁金服图标

蚂蚁金服通过大数据技术和人工智能技术实现远程客户服务中心建设，并使用语音识别技术实现自然语音识别，这体现了人工智能在用户服务方面的优势：方便快捷。同时使用深度学习和语义识别技术完善蚂蚁金服的自动回复方式，节省了人力和物力。

（2）平安集团涉及人工智能

平安集团在人工智能领域涉及多个方向的研究,主要是人脸识别和语义识别这两个技术方向。根据人脸识别技术,实现在指定银行区域进行整体监控的功能,该功能可以对陌生人员或可疑人员进行识别,提升安防水平。平安生物人脸识别界面如图7-3所示。

图7-3　平安生物人脸识别界面

平安集团除了使用人脸识别实现银行区域监控外,还根据企业当下保险、基金、银行、证券等服务提供客服通道。通过人工智能的语音、语义识别技术,平台系统分析用户的服务需求,并转换成对应服务,从而节省客户选择菜单的时间。平安银行的客服功能如图7-4所示。

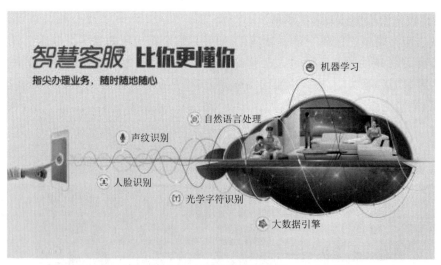

图7-4　平安银行客服功能

（3）交通银行涉及人工智能

在金融行业,除了阿里巴巴和平安集团外,还有许多国有银行也加入了人工智能技术研发领域。其中交通银行推出的智能网点机器人(见图7-5)赢得了用户的关注。智能网点机器人使用人工智能中人脸识别技术和语音识别技术,实现了人机语音交流,在固定网点实现操作指引。

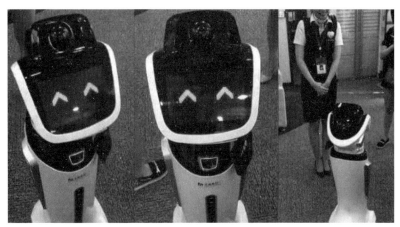

图 7-5　智能网点机器人

技能点 2　智能医疗

随着"健康中国"口号的提出,投资市场的目标转向了医疗领域,以智能医疗为模式的创业公司纷纷成立。传统医疗存在医疗资源紧张、医患关系紧张、医疗事故频发等问题,而智能医疗的出现,可以构建起完善的医疗体系,使人们平等地享受医疗服务,解决或者减少传统医疗问题。

1. 智能医疗概述

智能医疗是通过大数据与人工智能技术、物联网和云计算技术相互融合,运用于医疗服务对象、医疗机构和医疗服务主体上的一门技术或手段,"智能医疗"技术概念图如图 7-6 所示。

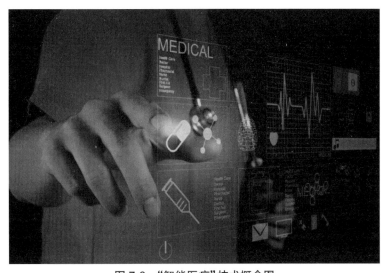

图 7-6　"智能医疗"技术概念图

智能医疗中的"医疗"具有多个分支,涉及多个领域,医疗与人工智能的结合,能够提升医疗行业的精准度、专业度,同时能够与大数据相结合,发挥大数据的优势。以大数据为基础的智能医疗有三个方面的重大改变,如图 7-7 所示。

图 7-7　智能医疗带来三个方面的改变

（1）降低医疗成本

人工智能与医疗结合能够有效降低医疗成本,从而使人们生活中的医疗花销降低。医疗成本高的原因主要是医药费和诊疗费高,其中药费过高主要是因为新药研发周期长、费用高、成功率低。研制新药到新药上市的流程如图 7-8 所示。

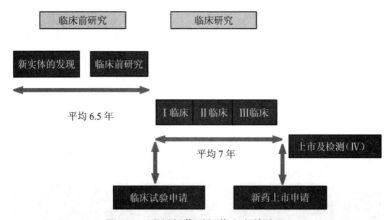

图 7-8　研制新药到新药上市的流程

随着人工智能和大数据的出现,人们可以让计算机进行数据的累计和分析、学习分子结构、图像等一系列信息、寻找可用于制造新药的分子或配方,从而降低药品的研发成本和风险。

（2）辅助疾病诊断

智能医疗可以辅助医生进行疾病的诊断。因为机器能模拟人类大脑神经元的工作方式,就像人类一样思考和掌握学习的智能。和人类相比,人工智能具有快速和不会疲惫等特点。医生可以借助智能医疗辅助诊疗软件,根据计算机输出的结果和自身的经验对病人的病情进行诊断,不但能够提高诊断效率,还可以提高诊断的准确率。

如图 7-9 所示为 IBM 公司和多个癌症研究机构共同研发的人工智能系统 Watson,该系统理解基因和肿瘤学,能够根据大量的数据进行分析和诊断。

图 7-9　人工智能系统 Watson

（3）解决医疗资源分配不均问题

在全世界医疗水平分布不均匀的状况下,很多国家的医生和护士严重不足,社区医院与顶级医院的医生医疗水平也相差甚远,智能医疗可以为医疗匮乏的地区提供顶级医院顶级医疗专家的服务。

2. 智能医疗应用场景

人工智能在医疗领域具有多方面的作用,同时伴随着医疗机器人、医疗影像、远程问诊、药物挖掘等设备和技术的出现,大数据与人工智能的重要性更加突出,给医疗领域带来了极大的便利智能医疗可应用于多个方面,比如对流行病的预测、诊疗过程中的人脸识别和核验身份等,如图 7-10 所示。

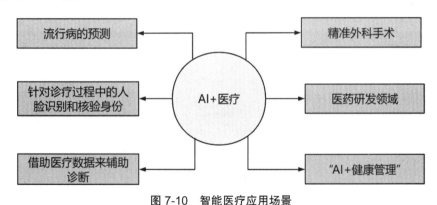

图 7-10　智能医疗应用场景

（1）流行病的预测

平安科技研发了“人工智能＋医疗”的成果“流感预测模型”,该模型覆盖了多种模型,能够准确预测流感趋势、个人和群体的疾病复发风险,并指导民众进行疾病预防,降低了疾病防控工作的成本。

（2）针对诊疗过程中的人脸识别和核验身份

“人工智能＋医疗”,为患者节约了挂号时间,只要确定了去医院的时间和去哪个医院后就可以在网上进行挂号,同时可以通过人脸识别技术提高就诊效率、防止伪检、替检现象发生,如图 7-11 所示。

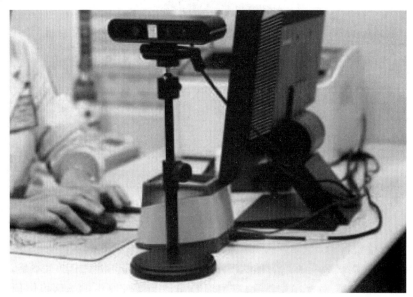

图 7-11　人工智能医疗的人脸识别

（3）借助医疗数据来辅助诊断

阿里云推出的 ET 医疗大脑可以辅助医生判断甲状腺结节点（见图 7-12）。阿里健康研发的医疗 AI"DoctorYou",主要包含医疗辅助检测引擎、医师能力培训系统、临床医学科研诊断平台,官方表示"以该系统可以对外展现的 CT 肺结节智能检测引擎为例,对 30 名患者产生的近 9 000 张 CT 影像进行智能检测和识别,只需要 30 分钟即可阅完,准确度达到 90% 以上"。如图 7-12 所示。

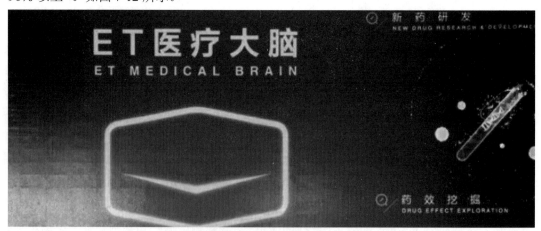

图 7-12　ET 医疗大脑

（4）精准外科手术

精准外科手术主要使用人工智能的计算机辅助手术技术,以最快的速度、最优的手术路径,实现对病人的最小创伤。如图 7-13 所示。

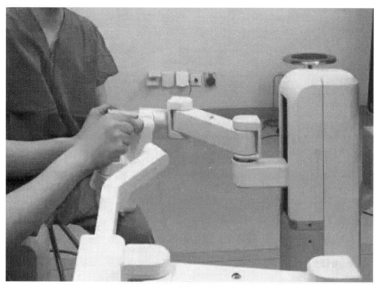

图 7-13　精准外科手术

（5）医药研发领域

传统的药物研发一般需要 10 年以上的时间,人工智能的出现,可以使用计算机筛选出大量的基因、代谢和临床信息,缩短药物研发周期,降低研发成本,医药研发概念图如图 7-14所示。

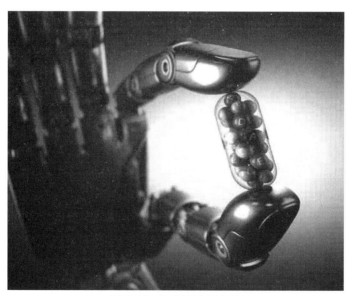

图 7-14　医药研发概念图

（6）"AI+ 健康管理"

智能健康管理系统,帮助人们实现精准健康管理,该系统包含上万条健康食谱,通过对身体的检测制定出合理的健康方案,从而实现对身体健康的维护,智能健康管理终端界面如图 7-15 所示。

图 7-15　智能健康管理终端界面

除此之外,智能医疗使用人工智能的技术实现的功能还有很多,如表 7-2 所示。

表 7-2　智能医疗的应用领域和场景

应用领域	人工智能技术	应用场景	未来发展预期
医疗机器人	图像识别 机器学习 语音识别	通过图像识别、语音识别和机器学习等技术,在微创手术、康复等场景辅助医生工作	未来发展较为缓慢,但市场前景广阔
医疗影像	图像识别 深度学习	通过引入深度学习技术,实现机器对医学影像的分析判断,筛选出潜在病症的影像	拥有大量优质影像数据源的公司将占据市场优势
远程问诊	深度学习、图像识别 语音识别、语义识别 知识图谱	通过分析用户体征数据、文字、语音、图片视频等数据,实现机器的远程诊疗	临床诊断辅助系统将逐渐成为主要的应用场景
药物挖掘	深度学习	协助药厂,通过深度学习,对有效化合物以及药品副作用进行筛选,优化构效关系	目前抗肿瘤药、心血管疾病和罕见病药品等为主要应用领域

技能点 3　智能家居

智能家居是人工智能和家居用品相结合的产物,它依托于用户住宅,由物联网与人工智能相关技术打造的由硬件设备、软件系统和云计算平台构成的一个家居生态圈。

1. 智能家居概述

家居实现智能化主要方便用户远程控制设备、设备间互联互通、设备自我学习等,智能家居系统如图 7-16 所示。

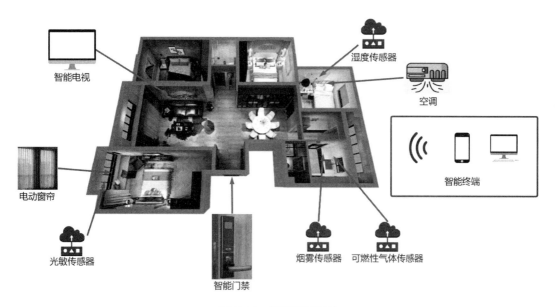

图 7-16 智能家居系统

智能家居系统包含了众多系统。比如家庭网络系统、综合布线系统、智能家居控制系统、家居照明控制系统、家庭安防系统、家庭环境控制系统等,其中智能家居控制管理系统、家居照明控制系统和家庭安防系统是智能家居中的必备系统,智能家居系统分布图如图 7-17 所示。

图 7-17 智能家居系统分布图

智能灯光控制系统:智能灯光控制系统主要是使用手机 APP 通过遥控、远程等多种方式实现对全屋或局部房间的灯光控制。

家电智能控制系统：家电智能控制系统是采用弱电控制强电的方式，通过遥控或设置定时来操作多种电器，实现远程操作家里的空调、冰箱等家用电器。

安防监控系统：安防监控系统通过自动化设备进行监控管理，主要用于火灾、有害气体的检测。

2. 智能家居应用场景

人工智能技术与生活家居深度融合会产生巨大的社会效益和经济效益，因此智能家居拥有广阔的市场和无限的商机，目前在世界上，智能家居主要有六个典型应用，如图 7-18 所示。

图 7-18　智能家居的典型应用

（1）智能家电

智能家电通过人工智能技术丰富家用电器的功能，实现家用电器智能化，到目前为止，很多公司都研发出了智能家电助手，比如海尔公司的智能语音电视、华为公司的全屋智能中控屏、美的公司的 COLMO 墅智系统等。智能家电控制如图 7-19 所示。

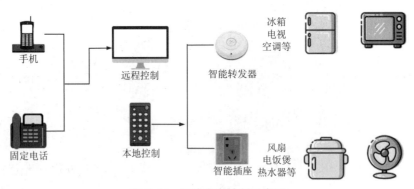

图 7-19　智能家电控制示意图

（2）智能控制平台

智能控制平台通过一套家居控制系统控制室内的门、窗和各种家用电子设备。比如苹果公司的 HomeKit 智能家居平台，借助 HomeKit 用户可以使用 iOS 设备控制家里所有兼容苹果 HomeKit 的灯、锁、恒温器、智能插头等配件，HomeKit 智能家居平台图标如图 7-20 所示。

图 7-20　HomeKit 智能家居平台图标

（3）绿色家居

绿色家居利用人工智能、传感器、云端数据库等技术,智能调节家中煤气、电、水等资源的开关,从而达到节能环保的效果。比如小米公司的绿色家居智能产品包含控制空调温度和开关状态以节约电能的智能温湿计,小米绿色家居模型如图 7-21 所示。

图 7-21　小米绿色家居模型

（4）家庭安全和监测

家庭安全和监测使用人工智能传感器技术来保证家庭和用户自身的安全,并对用户身体健康进行监测。比如美国维文特（Vivint）公司研发出通过将太阳能电池板整合进太阳能家庭管理系统来提升能源使用效率的技术,主要用于视频监控、远程访问、电子门锁、恶劣天气预警等在内的全套家庭安全系统中。如图 7-22 所示。

图 7-22　太阳能电池板

（5）家居机器人

家居机器人主要用于陪护、保洁和对话聊天，如美国初创公司研发出通过表情、转动头部和声音回应主人的机器人 Kuri，如图 7-23 所示。

图 7-23　机器人 Kuri

百度推出的"小度在家"，通过自然语言对话实现播放音乐、播报新闻、搜索图片、查找信息、设置闹铃、叫外卖、闲聊、唤醒、语音留言等功能，小度在家概念效果图如图 7-24 所示。

图 7-24　小度在家概念效果图

除此之外,智能家居的应用还有很多,智能家居产品如图 7-25 所示。

控制主机	智能照明	电器控制	家庭音响	家庭影院
对讲系统	家庭监控	防盗监控	门窗控制	智能遮阳
智能家电	智能硬件	能源管控	自动抄表	家居软件
家居布线	网络控制	空调系统	花草灌溉	宠物照料

图 7-25 智能家居产品

（6）智慧酒店

智慧酒店是指整合了大数据、人工智能、物联网等最新的科技手段,致力于提供优质服务体验、降低人力与能耗成本,通过智能化的实施,从吸客、预定、登记、开门、入住、退房等方面,营造良好人文环境,满足个性化需求的服务型住宿。

全方位设计,可以打造更优质、更便捷、更安全的智慧酒店新体验。布线改造,能够实现更快速、高利用率、不停业的传统住宿新升级,结合自助入住系统实现自助入住,为单体酒店、集团酒店、公寓、民宿提供整体运营解决方案,在系统设计上,做到人性化交互设计与引导式操作,用户可按步骤使用软件,操作无压力。智慧酒店方案设计如图 7-26 所示。

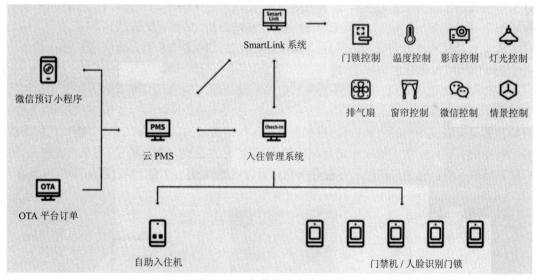

图 7-26 智慧酒店方案设计

技能点 4 智能安防

在人工智能兴起的浪潮中,安防领域是最热门的行业。这主要是因为安防领域拥有海量的数据来源,它能支撑对应的视频技术,从而满足人工智能对算法模型训练的要求。除此之外,安防行业对社会的长治久安有重大作用,安防在图像识别中的应用如图 7-27 所示。

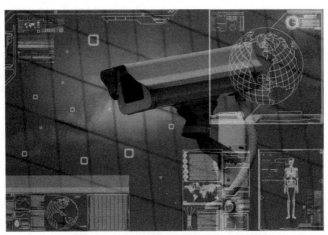

图 7-27　通过摄像头设备捕获图像

　　当今社会对治安的要求不断提升,对更精准的、覆盖面更广的、更高效的安防服务提出新的要求,这推动了人工智能在该领域的发展。

1. 智能安防概述

　　在人工智能与安防领域中,随着智慧城市和平安城市的不断发展,监控点位越来越多,几乎每条公路上都有拍摄限速和违章的摄像头,由此产生了海量的数据,人工智能的出现解决了海量视频的分析和检索,还可以对视频进行实时分析,探测异常信息。

　　人工智能技术在安防领域的应用主要体现在视频结构化技术和大数据技术上。

　　(1)视频结构化技术

　　视频结构化技术是通过人工智能技术中的图像处理、机器视觉、深度学习和模式识别等实现的。实现视频结构化技术主要分为目标检测、目标跟踪、目标属性提取三个步骤,其中,目标检测是提取视频中的前景目标,根据前景目标确定有效的目标(如人员、车辆);目标跟踪是对特定的目标在一定的场景中进行跟踪拍摄,目的是拍摄出一张高质量、高水平的照片;目标属性提取是对已有的目标图片进行分析和标示。视频结构化技术分析流程如图 7-28 所示。

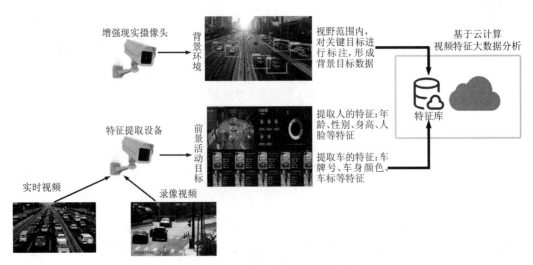

图 7-28　视频结构化技术分析流程

（2）大数据技术

智能安防中需要的大数据技术主要用于辅助人工智能提供分布式计算和知识库管理，主要包含海量数据管理、大规模分布式计算和数据挖掘三部分。海量数据管理主要是对全方位数据资源进行采集和存储；大规模分布式计算是通过人工智能技术分析海量的数据，开展特征匹配和模型仿真；数据挖掘是通过机器学习算法进行挖掘，探究数据的规律和异常，辅助用户用更快的速度找到有价值的资源。

2. 智能安防应用场景

智能安防伴随着科学技术的发展与进步和信息技术的腾飞已迈入了一个全新的领域，智能安防已实现系统化，涉及多个应用场景，常用的应用场景有人体分析、车辆分析、行为分析和智能案情分析，如图 7-29 所示。

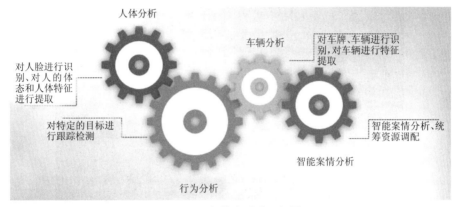

图 7-29　智能安防应用场景

（1）人体分析

人体分析主要用于车站、机场、酒店等关键节点，通过人脸图像识别技术实现车站机场安检、门禁验证等操作。人脸识别技术实现的生物特征识别功能在当今社会上扮演的角色越来越重要，应用空间也越来越广泛，图 7-30 所示为刷脸支付设备。

图 7-30　刷脸支付设备

（2）车辆分析

车辆分析主要是对车牌、车辆进行识别,对车辆进行特征提取,主要应用场景是道路监控,实现此技术需要用到车辆识别和人脸识别的相关知识。在车辆分析过程中,需要采集有关道路交通流量的车速、车型、通过时间等参数。人工智能技术与车辆识别相互结合,不但使拍摄识别范围变广,还能使用数据监控系统进行数据的分析和检测。

目前使用人工智能的图像识别技术,通过安装在道路旁边或者中间隔离带的支架上的摄像机和图像采集设备将实时的视频信息采入,经过对视频图像的实时处理分析得到各种交通信息,比如获取车的行车速度,道路上车辆流的密集程度、转弯信息甚至获取驾驶员是否使用安全带及接听手机等相关内容。图 7-31 所示为智能交通分析系统,通过该图可知交通分析系统能够分析出车辆的型号,随时监控车辆的行驶动态并对车辆进行统计。

图 7-31　智能交通分析系统

（3）行为分析

行为分析是对特定的目标进行跟踪检测,应用领域是人员众多区域、热点区域和重点场所。图像识别技术是对静态效果、动态效果和运动轨迹的识别,通过监控收集的视频,能够进行迅速分析并捕捉每个个体的行为活动。行为分析是图像识别的延伸,它需要优化的 AI 算法与模型相结合以达到实时分析可视范围内的人群及其行为的效果,主要功能包括个体跟踪、人体统计、异常行为分析、对各种行为进行分类并对异常情况进行报警。图 7-32 所示为使用人工智能技术实现动态视频的识别。

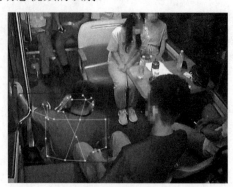

图 7-32　使用人工智能技术实现动态视频识别

（4）智能案情分析

智能案情分析和上面三种分析不同，它使用自然语言处理技术的语义理解分析系统，协助警方寻找案件的蛛丝马迹，无需动用大量的警力进行档案和数据库的查询。警方可以根据实战经验，对作案时间、作案手段、受害对象等进行分类，再使用人工智能技术对犯罪嫌疑人的行为特征进行分析，实现快速破案。图 7-33 所示为使用 Face++ 旷世的天眼系统对在逃犯人进行识别。

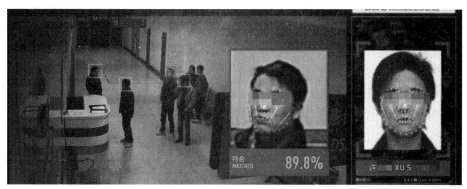

图 7-33　使用 Face++ 旷世的天眼系统对在逃犯人进行识别

（5）智能小区

智能安防技术的不断提升，使得智能小区这一概念得以实现。智能小区是利用互联网、物联网、大数据、云计算等新一代信息技术的集成，基于信息化、智能化社会管理与服务的新型小区管理形态。智能小区是以居民为服务核心，从政务信息、物业信息、物业服务、商业服务等多方面，为居民提供安全、高效、便捷的智能化服务，全面满足居民的生存和发展需要。

智能小区以智能化、模块化、集成化为原则，系统平台为核心，人工智能为方向，集成视频安防、物联网、车辆管理、可视对讲、访客管理、IP 广播、门禁管理、信息发布、移动 APP、电子巡更、防盗报警、电子围栏、智能家居等子系统。具体功能包括人脸识别、人脸布控、车辆识别、视频结构化、视频浓缩摘要、智能分析、客流统计、停车场管理、周界防护以及电子地图、数据报表信息的统一呈现、协同联动等，如图 7-34 所示。

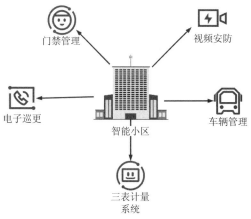

图 7-34　智能小区分布图

技能点 5   智能交通

道路交通管理中存在诸多问题,易造成交通拥堵,影响人们出行,将人工智能运用在交通管理中,能够有效缓解现阶段我国交通拥堵的现状,从根本上改善交通问题,保障人们出行安全、高效。

1. 智能交通概述

智慧交通是通过交通运输和信息化手段,提高交通安全和工作效率,运用交通地面、空中、时间和移动的资源,构建起来的现代交通综合管理技术与系统。它把信息技术、信息处理技术、传感器技术、互联网技术、卫星导航和定位系统技术、自动控制技术、通信技术、信息传播技术和现代运输技术等一系列技术运用于整个交通系统中。如图 7-35 所示。

图 7-35   智能交通图

2. 智能交通应用案例

智能交通把数据传输技术、计算机处理技术和信息技术等集成到交通运输管理系统中,使人、车和路能够紧密配合,改善交通运输环境,提高资源利用率。智能交通主要有四个方面的应用。

（1）路况监测

传统路况监测工作需要交警完成,交警在巡逻过程中,需要花费大量时间与精力,工作压力较大。将人工智能运用在交通检测中,主要利用具有智能系统的无人机进行巡逻,交警只需要通过终端观看路面情况,并将路面情况进行记录即可,能够大大节省工作时间,提高工作效率。人工智能无人机还具有较多优点,如成本低、效率高、能够全天候进行工作、检测范围广等。如图 7-36 所示。

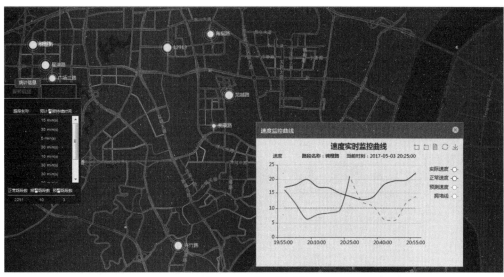

图 7-36　路况监测图

（2）交通基础设施数据检测

使用具有人工智能系统的无人机还能够进行交通基础设施数据检测,因为它拥有较高的分辨率,还能够将一些人们不易观察到的角落充分显示出来。这样道路信息就能够及时更新,从而为人们提供及时、有效的信息,如图 7-37 所示。

图 7-37　交通基础设施数据检测图

（3）智能信号灯

将人工智能技术运用在信号灯控制上能够极大改善交通拥堵现状,智能信号灯还具有提高交通吞吐量,节省道路加宽成本的功效。

谷歌和以色列的国家道路集团在以色列海法市、贝尔谢巴市进行了智能信号灯的研究,如图 7-38 所示。

图 7-38　智能信号灯

（4）警用机器人

警用机器人能够实现全天 24 小时巡逻与交通监管，提高了交通部门工作效率，缓解了交警工作压力，同时还优化了交通管理。

警用机器人还能够指挥交通，有效避免交通事故的发生：能够有效识别出路面交通状况与信号灯，在车流量大的情况下，有效指挥车辆运行；面对违法车辆，能够采用识别系统，将驾驶车辆信息上传到交警队。警用机器人对交通管理工作起到了重要作用。如图 7-39 所示。

图 7-39　警用机器人

在智能家居的环境下,当使用语音麦克风对智能助理说"豆瓣评分8.0 以上的新电影有哪些",它就会自动向你推荐评分 8.0 以上的新电影,并介绍电影梗概。使用"AilGenie"技能应用平台所提供的语音技能应用来创建一个高分电影推荐功能。

第一步,登录"AliGenie 技能应用平台",创建语音技能,选中"语音技能"分类,点击"创建新技能",如图 7-40 所示。

人工智能与各行
业融合 - 实操

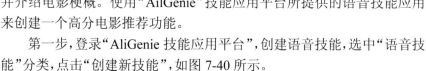

图 7-40　创建语音技能

第二步,填写技能基本信息,选中"语音技能"中的"自定义技能"填写技能基本信息,包括技能名称和技能调用词,如图 7-41 所示。

图 7-41　填写技能基本信息

第三步:云开发部署后端服务,单击"编辑部署",选择"阿里云原生开发"的方式,点击"关联阿里云账号",登录后在团队注册页翻到页面底部,单击"同意授权",如图 7-42 所示。

图 7-42　部署后端服务

　　第四步：云服务管理。查看所需云服务的名称和状态，依次开通所需要的云服务直到 4 个服务都是"已开通"状态，点击"完成并返回"按钮，如图 7-43 所示。

图 7-43 开通云服务

第五步,确认 4 个云服务资源均已开通,点击"创建技能应用"按钮,选择开发语言和开发模板进行创建,由于使用高分电影推荐模板来搭建应用,目前平台只提供了 NodeJS 和 Python 两种语言的技能模板,这里以 NodeJS 高分电影模板为例创建应用,如图 7-44 所示。

图 7-44　创建技能应用按钮

第六步,后端技能应用创建完成后,点击"前往开发",跳转云阿里开发平台,云开发平台会自动进入 CloudIDE,平台会自动生成模板代码。由于使用了模板,所以无须再开发代码,进入 CloudIDE 后直接选择部署环境,打开 CloudIDE 左侧的部署调试插件,进入部署面板,选择"预发环境"进行部署,如图 7-45 所示。

图 7-45　部署调试插件

　　第七步，后端服务部署好后，在语音交互模型中，意图和实体已经自动创建好了，意图列表如图 7-46 所示。

图 7-46　意图列表

　　第八步，在线测试。进入测试模块，打开在线测试，输入创建技能时设置的调用词并发送（调用词以技能创建时的为准），系统若回复则表示技能部署成功，如图 7-47 所示。

图 7-47　在线测试

　　本次任务讲解了高分电影推荐语音功能,为下一阶段的学习打下了基础。通过本次的任务学习,加深了对于人工智能和其他行业相互融合的理解,掌握了基本的人工智能技术,熟悉了人工智能在其他行业的应用。

AI	人工智能	GDP	国内生产总值
Haifa	海法市	Beersheba	贝尔谢巴市
APP	应用软件	Watson	沃森计算系统
CT	电子计算机断层扫描		

一、选择题

1. 智能金融的应用领域不包括(　　　)。

A. 征信、风投　　　　B. 金融搜索引擎　　　　C. 智能客服　　　　D. 智能识别

2. 智能医疗的作用不包括(　　　)。

A. 降低医疗成本　　　　　　　　　　B. 辅助疾病诊断

C. 解决医疗资源短缺问题　　　　　　D. 增加医疗人员

3. 智能家居系统不包括(　　　)。

A. 智能灯光控制系统　　　　　　　　B. 智能机器控制系统

C. 智能电器控制系统　　　　　　　　D. 安防监控系统

4. 智能安防相关技术不包括(　　　)。

A. 语音识别技术　　　　　　　　　　B. 视频结构化技术

C. 大数据技术　　　　　　　　　　　D. 人脸识别技术

5. 智能安防应用场景不包括(　　　)。

A. 人体分析　　　　　B. 车辆分析　　　　　C. 语音分析　　　　　D. 行为分析

二、填空题

1. 智能医疗是指通过 _____、_____ 和 _____ 相互融合,运用在医疗服务对象、医疗机构和医疗服务主体上的一门技术或手段。

2. 智能金融是人工智能和金融的全面结合,主要依托 _____、_____、_____ 等技术,提升了金融服务机构的服务效率。

3. 家居实现智能化主要方便用户 _____、_____、_____ 等。

4. 人工智能技术在安防领域主要体现在 _____ 技术和 _____ 技术。

5. 智能交通主要能够运用 _____ 和 _____。

三、简答题

1. 简述智能金融的应用领域。

2. 简述智能医疗的应用场景。

项目八 人工智能哲学与思考

● 了解人工智能的伦理
● 熟悉人工智能伦理定义
● 掌握强弱人工智能的伦理关系
● 培养思考人类与机器人界限差异的能力

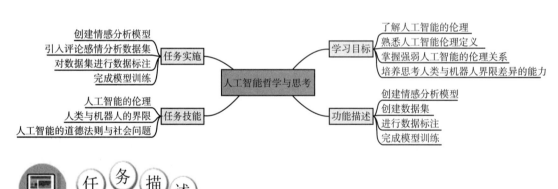

【情境导入】

进入 21 世纪之后,人工智能的发展速度令人吃惊,各种人工智能产品不断涌现,相信它在未来的发展会越来越"智能"。人工情感的出现无疑是令人们震撼的,它带来了包括人类与机器人之间的伦理问题、界限差异以及社会问题。它不仅给人们带来解决复杂问题的方案,也带来严峻的考验。如何正确利用人工智能,是人们现在亟须思考的问题。

📝【功能描述】

- 创建情感分析模型
- 创建数据集
- 进行数据标注
- 完成模型训练

> 课程思政:坚持自主,科技创新
> 　人工智能对于学习能力的依赖不言而喻,由于技术所限,人工智能芯片大部分都是使用国外技术。经过长久的发展我国在人工智能芯片的研发也有所收获,华为于2019年推出的 Ascend 910 人工智能芯片,使得华为成为中国首家、全球第三家发布人工智能训练芯片的公司,代表着中国公司在人工智能芯片这个关键底座上不再痛失话语权只有坚持科技创新,才能在技术竞争愈加激烈的时代获得更加长足的发展。

技能点 1　人工智能的伦理

人类历史上出现的重大技术进步几乎都会给当时的社会带来一定的风险,例如电灯、蒸汽机等发明都极大地推动了社会的发展,也给社会带来了诸如失业、工作模式变化等风险挑战。随着人工智能的不断发展和普遍应用,人们同样要面对很多前所未有的问题。

1. 人工智能"电车难题"

在思考人工智能的伦理问题之前,可以先思考一个伦理方面的问题——电车难题。

"电车难题"是一个出自福特(Philippa Foot)所设想思想实验的道德两难困境。一辆刹车失灵的电车即将与前方轨道上的5个人相撞,为救这5个人,可以扳动道岔让电车改道,但这又会导致它与岔道上的1个人相撞,这时应该如何选择? 如图 8-1 所示。如果根据功利主义的最大幸福原则,或应选择扳动道岔舍一救五。

那么,当场景改变为在天桥上看到失控电车即将与轨道前方的5个人相撞时,如果可以通过按动身边按钮将身旁的胖子推下天桥来阻停电车,同样能做到舍一救五,是否还愿意这样做? 如图 8-2 所示。

这两个"电车难题"看似相同,实则有着些许的差别,当事人面临的道德困境并不相同。面临后者需要亲手推人的情况,大多数答题者这时都会改变主意,不再继续坚持功利主义的选择,加之学界为此持续了 50 余年的讨论也一直没有给出令人信服的答案,遂使该题成为一个难解之题。

图 8-1　电车难题 1

图 8-2　电车难题 2

　　人们在面临"电车难题"时,往往会做出不同的道德判断和准则,那么将电车难题升级,面临难题的是人工智能,它们会做出什么样的抉择呢?

　　随着人工智能的不断发展,人们普遍认为"电车难题"的情形及其变形,也会出现在自动驾驶汽车上路之后,成为自动驾驶的"电车难题"。为此,种种可能的场景被设想出来,最终可归结为两种典型情境。

　　第一种情况,一辆自动驾驶汽车正在按交通规则正常行驶,忽然两个小孩跑到车道前方,此时汽车只有两个选择。一是继续直行与这两个小孩碰撞发生交通事故,二是为避让小孩冲向人行道,与另一名行人发生交通事故。这种情境可谓"他他困境",其选择关乎的是不能兼顾不同的他人的安危。

　　第二种情况,一辆自动驾驶汽车正常行驶到隧道入口时,忽然一个小孩跑到车道前方,此时自动驾驶汽车只有两个选择,一是继续直行与小孩碰撞发生交通事故,二是转向隧道某一侧的墙壁,导致车上的人类的生命受到威胁。这种情境可谓"他我困境",其选择关乎的是不能兼顾车上人和他人的安危。由于传统的"电车难题"迄今无解,而上述两种困境又被

视为自动驾驶的"电车难题"，因此自动驾驶汽车的设计者也会陷入困顿之中。如图 8-3
所示。

图 8-3　无人驾驶汽车正在避让行人

"电车难题"无疑给人工智能开发者敲响了警钟，在技术不断提升的今日，人工智能伦理道德问题也渐渐出现。

2. 人工智能"阿尔法围棋"

在开启人们对于人工智能的全新认识时，就会提及 2016 年初"阿尔法围棋"事件。而实际上这并不是第一次人工智能与人类交手，在"棋艺"方面，人工智能早已和人类进行过博弈了。1997 年，IBM 公司所研制的深蓝系统，首次在正式比赛中战胜人类国际象棋冠军，成为人类发展人工智能的一座里程碑，如图 8-4 所示。

图 8-4　深蓝系统对战人类冠军

深蓝系统的成功也让人们看到了人工智能在棋类研究上的可行性，谷歌（Google）公司旗下的深蓝（Deep Mind）公司团队开发阿尔法围棋，用于人工智能在围棋方面的研究。根据当下的技术，阿尔法围棋将几种人工智能的技术很好地进行了集成，运用了两套神经网络模型，即两个"大脑"，一个大脑用于观察整体棋盘的布局企图找到最佳的下一步，另一个大脑相当于落子的选择器,并不去猜想下一步要怎么做而是在给定棋子位置的情况下,预测每一位棋手的赢棋概率,这个"评估器"就是"价值网络"。依靠这两个大脑的协作,通过深度学习的技术学习训练大量的对局,再应用强化学习技术与自身对弈,获取更多对局资料。通过不断的学习,它自身也会有全新的想法,在和真实的人类进行对决时,有所创新,甚至会超出人类的想象。

阿尔法围棋的战绩可谓显赫,在 2016 年 3 月,阿尔法围棋与围棋世界冠军、职业九段棋手李世石进行围棋人机大战,以 4 比 1 的总比分获胜,如图 8-5 所示。

图 8-5　阿尔法围棋与李世石交战

从 2016 年末至 2017 年初,阿尔法围棋程序进行升级并在中国棋类网站上以"大师"(Master)为注册账号与中日韩数十位围棋高手进行快棋对决,连续 60 局无一败绩;2017 年 5 月,在中国乌镇围棋峰会上,它与排名世界第一的世界围棋冠军柯洁对战,以 3 比 0 的总比分获胜。如图 8-6 所示。围棋界一致认为阿尔法围棋的棋力已经超过人类职业围棋顶尖水平。

图 8-6　阿尔法围棋与柯洁交战

但对于阿尔法围棋的进化并没有因为得到围棋界的认可而停止,传统阿尔法围棋的成长,主要是先通过分析成百上千份人类高手的棋谱,再进行自我对弈的方式来提高水平,即人类高手的棋谱会告诉人工智能,到底该把子落在哪个位置才是对的。可是对于人工智能来说,学习人类的下棋方式,成本实在太高了,可能会走很多弯路。这时研究人员有了一个大胆的猜想:要是一开始就完全抛弃人类的经验,那结果会怎么样呢?

阿尔法围棋的另一种成果 AlphaGo Zero。AlphaGo Zero 概念图如图 8-7 所示。

图 8-7 AlphaGo Zero 概念图

从 AlphaGo Zero 诞生开始,它就是一张白纸,人类只教给了它最基础的围棋规则,水平甚至不如初学者。但仅仅过了三天,AlphaGo Zero 就有了惊人的进步:曾经击败李世石的旧版 AlphaGo,此时已经不是 AlphaGo Zero 的对手,它在整整 100 场对决中,没有赢过 AlphaGo Zero 一场。当自我对弈到第 21 天时,AlphaGo Zero 已经达到了"大师"的水平。最终,当 AlphaGo Zero 自我对弈到第 40 天时,已经击败了之前所有版本 AlphaGo 程序,成为新晋的"世界冠军"。

AlphaGo Zero 超越了所有其他版本的阿尔法围棋,使它成为世界上最强大的围棋玩家,它完全是靠自我游戏完成的,没有人干预,不需要使用历史数据。如图 8-8 所示,这是 AlphaGo Zero 的成长曲线,纵轴为国际等级分,它是评价棋手的体系,横轴为天数。

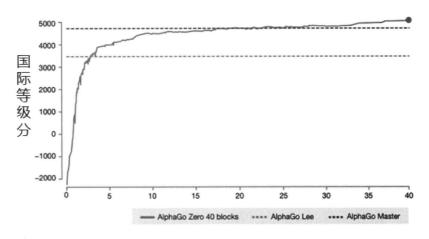

图 8-8 AlphaGo Zero 成长曲线

　　AlphaGo Zero 的强大不仅仅是战胜了许多棋手，更因为它学习的速度十分惊人，40 天就让它在围棋这一领域内成为翘楚。以人类为例，围棋大师往往需要投入人生全部的精力才能成为世界级的大师，这其中除了努力也需要天赋。然而 AlphaGo Zero 没有诸多的限制条件，在极短的时间内成为围棋大师。

　　与之前的阿尔法围棋不同，AlphaGo Zero 仅仅调用棋盘上的黑子与白子下棋，而旧版本的 AlphaGo 内部还是有一些人工设计的功能，但 AlphaGo Zero 只使用了一套神经网络。早期版本的 AlphaGo 内置了两套神经网络模型，而 AlphaGo Zero 将二者合而为一，能够更高效地进行训练，通过优质的神经网络来对下棋位置进行评估。这些区别使得 AlphaGo Zero 的系统性能更强、更具普适性。算法的改进让整套系统变得更加强大、运行更为高效。硬件与算法的进步也让 AlphaGo Zero 所需要的算力大大降低。如图 8-9 所示，仅仅需要 4 个 TPU（人工智能专用芯片），而与李世石对弈的旧版 AlphaGo 所需要的算力多达 48 个 TPU，是 AlphaGo Zero 的 12 倍。

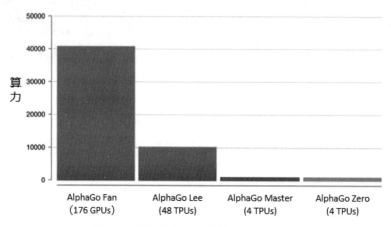

图 8-9　历代阿尔法围棋所需要的算力对比

　　阿尔法围棋象征着计算机技术已进入人工智能的新信息技术时代，它的智慧正在接近人类。在柯洁与阿尔法围棋的围棋人机大战三番棋结束后，阿尔法围棋团队宣布将不再参加围棋比赛，之后阿尔法围棋将进一步探索医疗领域，利用人工智能技术攻克现代医学中存在的种种难题。在医疗资源的现状下，人工智能的深度学习已经展现出了巨大潜力，可以为医生提供辅助工具。实际上，阿尔法围棋的目的并不是对付人类棋手，开发公司只是通过围棋来试探它的功力，而研发这一人工智能的最终目的是为了推动社会变革、改变人类命运。

　　利用阿尔法围棋，各个领域的专家就可以使用自身行业的数据知识，去探索未知的世界，就像是天文学家利用哈勃望远镜观测宇宙一样。当今世界面临的一个巨大挑战就是过量的信息和复杂的系统，人们发明阿尔法围棋，目的并不是为了赢取围棋比赛，而是通过围棋这个媒介来进行人工智能测试，最终目的是将这些算法应用到真实的世界中，为社会服务。

　　当今社会充斥着各种新技术，人工智能必须在人类道德准则范围内被开发和利用。技术是中性的，但是使用它的目的和使用它的范围，大大决定了其功能和性质，这必须是一个让人人受益的技术才行。随着技术的不断成熟，算力的增加致使人工智能学习的能力不断提高，阿尔法围棋也说明了人工智能在专项领域内只要给足学习时间，那么它将拥有无限的潜力,AlphaGo Zero 只需短短 40 天就可以做到人类所做不到的,在某些专长领域,人工智能的优势已经凸显出来,这无疑是强大的也是令人恐惧的。开发人员可以利用人工智能使人类获益,但如果使用不当,后果也是严重的,在这期间硬件的不断发展,更会加快人工智能的成长速度,如何才能正确利用人工智能是一个重大课题。

3. 人工智能伦理定义

随着人工智能技术的不断发展,有关人工智能伦理的讨论,也成为近些年的焦点和学术上的热点内容,例如"电车难题"事件和"阿尔法围棋"事件。美国学者米切尔·安德森(Michael Anderson)等人最早提出了"机器理论"相关概念,其关注的重点是如何使机器具有伦理属性。其中有一段关于"机器伦理"的描述:"机器伦理关注于机器对于人类使用者和其他机器带来的行为结果。"人工智能领域的专家们也曾就人工智能伦理进行过讨论,他们认为过去对于技术与伦理问题的思考都局限于关注其对于人类而言有哪些优点以及弊端,很少关注人类应该如何负责任地对待人工智能机器问题。机器的不断智能化使得它们会担任更加重要的角色,拥有更多的价值,同时也越来越像"人",从而使得机器具有伦理属性。伦理属性可以帮助使用者在各个应用场景中做出适合伦理决策或者发展出符合人类伦理意向的人工智能机器。

人工智能机器拥有了某些人类的智能特征,因此它在服务于人类或者被人类所利用时,会给人类带来道德风险甚至某种伤害,人类为了避免这种情况的发生,需要从自身利益角度出发认真对待这些问题,毕竟人类的伦理道德是经过长期的文化积累和社会进化所形成的结果。尽管如此,因为人工智能是新兴技术,所以它有很大的发展空间。

基于上述人工智能可能引发的道德伦理问题,将人工智能的伦理定义为:关于人工智能技术以及智能机器所引发涉及人类伦理道德问题可能与人类的道德观念相违背的。因此政府、机构、技术人员以及民众应对此密切关注,预防潜在风险的发生。

4. 弱人工智能与强人工智能

弱人工智能是指无法能够真正推理和解决问题的智能机器,尽管看上去是智能的,但并不拥有真正智能,也不存在自主意识。弱人工智能擅长单一的工作任务,如阿尔法围棋人工智能,它只能下围棋。现在大部分人工智能都属于弱人工智能,如图 8-10 所示。

图 8-10　与人类交互的弱人工智能

强人工智能不再仅仅模仿人类的低等级行为,而且能够推理和解决问题,有知觉和自我意识,也可以独立思考问题、制定解决问题的最佳方案,甚至拥有和人一样的本能、需求以及自己的价值观和世界观等。这种强人工智能具有和人类似的情感,可以与个体共情,有与人类一样的脑力活动、在各个方面都能和人类比肩。这种强人工智能如今还不能实现,如图8-11 所示。

图 8-11　强人工智能概念图

5. 弱人工智能与强人工智能伦理

虽然当今的人工智能技术还不成熟,大部分人工智能还处于弱人工智能阶段,但随着科技的不断进步,强人工智能的实现也只是时间问题。如何正视人工智能的伦理问题,怎样从多方面思考并解决人工智能伦理问题是人们进行讨论的关键。

（1）弱人工智能伦理

弱人工智能伦理是指现阶段所有类型的基于弱人工智能技术实现的智能软硬件系统所引发的弱人工智能的伦理道德问题。弱人工智能技术载体可粗略地分为软件、硬件两大类。软件是指以软件形式实现的人工智能系统,例如医疗诊断系统、智能身份识别系统、智能语音聊天系统等。硬件是指各种具有弱人工智能技术内核的智能机器,包括智能机器人、智能语音音箱、智能无人机等。

弱人工智能所带来的伦理问题在生活中已经有所体现,例如由于深度学习导致的一些违反人类道德准则的情况,现今的人工智能机器并不能完全理解人类的道德准则,因此会错误地学习一些知识,造成极大的影响。人工智能合成人脸、合成语音等技术都有可能被不法分子用来进行软件诈骗,同时大数据技术的引入导致个人隐私被泄露,各种侵权问题频发。这些弱人工智能的伦理问题和风险可通过约束人类自身来解决其中的大部分,因为弱人工智能本身并不具备完全人类的智慧,而这部分"智慧"也是人赋予的。可通过技术限制措施、政策法律和教育来解决弱人工智能伦理道德问题。

①技术方面,使用相应的技术避免安全隐私的泄露,应用技术手段进行软件程序的测试,对于部分数据信息进行公开处理。

②政策方面,需从法律方面对人工智能可获取内容进行限制,不同的专业组织机构可以根据各自的实际情况和需要,建立人工智能的伦理规范准则以及原则,以便人工智能技术开发和使用者在开发过程中遵守这些规范,从源头上防范化解潜在的风险和问题。

③教育方面,通过人工智能伦理教育的方式,呼吁人们重视人工智能伦理规范,并指导从业人员遵守人工智能伦理规范政策,在培训过程中引导开发人员追求人类利益最大化、建设美好社会。

（2）强人工智能伦理

著名的物理学家霍金认为,人工智能可能是人类最大的灾难,如果不加以管理,会思考的机器可能会终结人类文明。虽然现如今还没有强人工智能的出现,但可以预见强人工智能必定会改变人类的生活,霍金的看法具有一定的代表性。在很多的科幻影视作品和小说中,这种观点并不少见。未来的强人工智能具有自我意识,即使对它们进行了道德约束,它们是否会服从于人类也存在疑问。因此由于人工智能而产生的机器人权力、对人类生命带来威胁的伦理问题是未来可能的、潜在的重大问题。

根据现有的和可预见的强人工智能伦理问题,可以将强人工智能伦理问题总结为以下几点。

①社会地位:面对产生了自我意识,具有人的特征,甚至外表也很像人类的智能机器人,人类要从哪些方面做好面对这类强人工智能机器人的准备。假设强人工智能像人类一样产生自我意识,并且拥有人类的情感,会引发伦理和哲学层面的思考。强人工智能机器人是否属于人类是值得思考的。

②权利义务和行为责任:对于拥有自我意识的人工智能机器,是否应该赋予其与人类相同的地位、权利、社会义务、法律责任,如果机器人与人类发生了意外事故,应该如何界定。诸如此类的问题都会被提出并且被质疑。虽然强人工智能还没有出现,但这些问题已经是学者、哲学家、社会学家、法学家讨论的焦点话题了。而这些问题也会在强人工智能出现之后,给出最终的答案。

③与人类复杂的关系:拥有自我意识的智能机器与生物学上的人类之间的关系会变得难以界定。人类创造人工智能是为了自身更好地生活,代替人类完成一些难度很高的工作或者危险的工作。而强人工智能的出现,在一定程度上模糊了这个界限。

尽管上述问题都是一些假设,但是思考这些问题有助于指导现阶段开发人员的设计思路,不仅要在人工智能的能力上进行深入研究,在伦理道德层面也需要更加谨慎,都应该坚持维护人类利益的原则。

技能点 2　人类与机器人的界限

强人工智能的出现一定给对人们的生活带来重大改变,那么如果出现了完美的人工智能机器人,它们有朝一日可能会取代人类,挑战人类的最高统领权限。这种情况曾出现在很多影视剧作和文学书籍中,虽然这种担忧不无道理,但人们仍然能清楚地认识到人工智能与人类智能之间存在着明显的差异,如何去认识和理解两者的差异将极大地影响两者之间的关系。

1. 人类与机器人的界限

在人工智能迅猛发展的今天,无数学者和媒体都在宣传人工智能的优越性,在现实生活中,已经有众多产品使用了人工智能,对社会发展产生了深刻且广泛的影响。但仍有一些专家、专业机构和学者会提出一些建设性的意见,对人类与机器人的界限展开新一轮的技术变革。

美国斯坦福大学在 2016 年发布了《2030 年的人工智能与人类生活》研究报告,报告指出,人工智能已经在家务劳动、交通运输、低能耗社区、娱乐产业、雇佣工作、医疗保健、公共安全、教育领域逐步改变人们的日常生活。同年,深海公司设计的阿尔法围棋(AlphaGo)人工智能程序在围棋领域挑战顶级职业选手并取得胜利。2017 年,人工智能机器人索菲亚被授予沙特公民身份,成为世界上首个获得公民身份的机器人,如图 8-12 所示。这些在再次证明技术进步的潮流不可阻挡的同时,也对现代社会发展和公民生活造成了广泛影响。

图 8-12　索菲亚被授予沙特公民身份

人类与机器人的界限随着技术的提升在逐步模糊,最为直接的后果就是人工智能应用导致的就业问题。尽管这种情况尚未发生,但人们仍旧有很大的焦虑情绪。就全球研究所关于自动化的最新报告《失业,就业:自动化时代的劳动力转移》预测,至 2030 年会有 15%(约 4 亿)劳动力失业。

机器人作为人工智能的一个产物,虽然现阶段处于弱人工智能阶段,但在很多领域展示出了比肩人类的能力,因此人类与机器人的界限也不断引发讨论。

2. 人类与机器人的差异

随着科技的不断进步,人类和机器人之间的界限引发人们的讨论,这些讨论从不同角度论述了人与机器在现阶段的差异。

（1）生物学角度

现在的技术导致人工智能技术暂时不能完全模拟人脑活动，人脑神经元之间的相互作用十分复杂，并不能直接使用电流脉冲来进行代替模拟。因此现阶段人类所掌握的技术没有办法让计算机产生生物智能。即使制造出强人工智能产品，也是在计算机领域，并不是真正的与人类一样的生物智能。

（2）心理学角度

人类的智能并不能由所谓的公式进行推导得出一般结论，人类在某些情况下会有一种"灵感"，即顿悟。恰恰是这种顿悟，使得每一个人都不能复制，这种不依靠固定公式的人类独有的智能，是人工智能需要跨越的一道障碍。

（3）人与机器的关系

智能机器只是人们为了提高劳动效率的一种工具。从这个角度来看，机器不具备与人一样的智能，它只是人的基础力量的公式化表现。运用智能机器是人类在现代社会的极大进步，但是利用机器和机器本身是两个含义，无论它们是否能像人类一样思维或者工作，都不会改变它们的固有身份。

人工智能机器人具有很高的效率，可存储和记忆大量内容，错误率极低，面对固定类型的工作有着人类无法比拟的优势。在重复性工作和需要大量记忆的工作上，人类远不如人工智能机器人。但在一些灵活性工作，如公关、销售、研发等，则需要依靠人类的创造性思维。这一点是人工智能无法比拟的。这也就使得未来人工智能机器人和人类进行优势互补成为最佳选择。具体体现在以下方面。

人类在进行工作时会重复性地犯一些错误，细节方面把控不全面，在进行重复性工作时，出错率会很高。由于身体疲惫和思维上的迟钝，也会出现一些新的错误。而人工智能机器人采用计算机的原理机制进行记忆和判断，可以近乎完美地规避这些问题，更好地完成任务。

信息时代的到来也导致信息量爆炸性增长，人类面对海量的数据无法准确找出和提炼其中的关键，人工智能依靠强大的计算能力，可以完成对海量数据的提炼和总结，人类可以依靠人工智能完成其余的开放性工作。

人工智能完成简单基本的工作之后，人类可以辅助它们进行后续工作的展开。人类的创造性思维和独特的想象力，能够为人工智能提供解决方案，找出更为优秀和简便的算法模型以供人工智能学习进步，更好地完成工作。

3. 人类与社交机器人伦理问题

社交机器人是在能够遵守符合自己身份以及社交行为规范的情况下，可以与人类或者其他能够自主的实体进行互动交流沟通的自主机器人。社交机器人如图 8-13 所示。

社交机器人重点在于交流沟通，社交机器人的几种特征如图 8-14 所示。

①表达和感知情感（人工感情）；

②与高层级进行对话沟通；

③建立或者维护社会关系；

④使用自然的暗示手段（手势、视线等）表达情感；

⑤表现鲜明的个性；

⑥学习或者发展新的社交能力。

图 8-13　社交机器人

图 8-14　社交机器人的特征

　　将人工感情作为社交机器人的典型特征之一,已经成为学界共识。人工感情的不真实性和人类感情的真实性之间的失衡关系,会引起一系列的伦理风险问题,这主要是归结于社交机器人对于人类的"操控性"和"欺骗性"。当人们在谈论关于社交机器人的"欺骗"行为时,并不是说它们在某一个事件中进行欺骗,而是强调它们的拟人化特征所引起的人类的"自欺欺人"式的行为。"自欺欺人"固然和人自身相关,但结合上述的讨论,也可以将其归因至社交机器人,"因为它预设或鼓励了这种欺骗"。社交机器人产生的目的是服务人类,尤其是从情感上让人得到满足,为了达到最佳效果,社交机器人必须具有拟人化的"人工情感"。然而人工赋予的情感并不是真正的人类情感,人们对于它的认知存在诸多不足,因此会造成很多潜在的伦理问题。这时需要人类从法律、伦理监管、社交机器人的优化设计、人类对自身道德观念、价值观念的调整等方面着手才能有效地应对伦理风险。如图 8-15 所示,社交机器人拥有"人工感情"。

图 8-15　社交机器人拥有"人工感情"

也正因此,人工感情会造成一些问题,具体体现为人类对社交机器人的"情感泛滥"和"情感沉溺"。相关专家指出,在人与机器人的关系中产生的情感是道德上可悲的典型例子。即沉溺于人工智能产生的虚假情感中。对于人类而言,情感丰富本身并没有坏处,然而再丰富的情感也需要适度,也是有其作用范围的,当我们将人类宝贵的情感作用于非生命体时,就成了"情感泛滥",而一旦沉溺于其中就容易产生幻想,这不仅有碍于人们准确、客观地理解真实的世界,而且还会浪费人们宝贵的时间、情感等,而这些都是"有责任去避免的"。

显然,对于大多数人来说,"准确理解世界的责任"能够保证人们活得真实,并且使人生充满意义和价值。正如相关专家所强调的,人们直觉的力量反映了人类的信念,即虚幻的经历在人的一生中没有任何价值,这里明显不道德的是欺骗人们或鼓励他们自欺欺人的意图。

另外,社交机器人的"欺骗"伦理问题还体现在,当用户在社交机器人"欺骗"的基础上与机器人进行人机互动、交流情感时,人们会变得机械化、简单化,停止思考进而出现某种程度的功能"退化"。正如《群体性孤独》一书中所描述的:"与机器相处久了,我们不仅会把我们的情感缩减到机器可以制造的范围内,同时还会降低对所有关系的期待。"当人们继续将机器人拟人化时,也冒着否定人的属性的风险。从个体的角度来看,人之所以为人就在于其丰富而深刻的社会性和关系性,当个体完全脱离社会或者与社会渐行渐远,则有违人的本质,是对自己的"背叛";从人类的发展史来看,人应当有一种使命感,即通过自身的努力来为人类文明、人的进化尽一己之力,从深度和广度上来完善人的内涵,而非相反,否则也是一种"背叛"。此外,社交机器人的"拟人化"欺骗对老人和儿童的心理、行为等方面会产生负面影响。社交机器人与人类生活模拟图如图 8-16 所示。

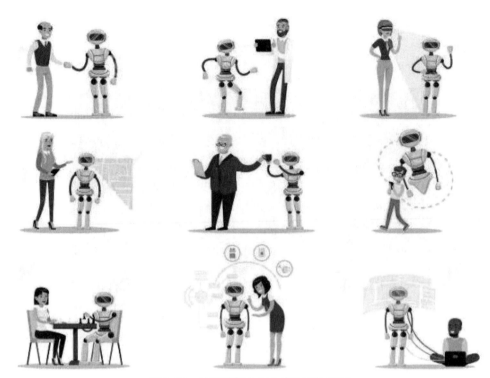

图 8-16　社交机器人与人类生活模拟图

针对社交机器人"欺骗"的伦理风险,许多学者和专家都提出了解决方法,大致分为两类,分别是增加拟人化的程度完善功能以及限制社交机器人的发展。

增加拟人化程度完善功能。这种解决方式对技术的要求很高,以现在的技术手段很难实现,就以目前的研究成果来说,人类丰富的感情并没有被研究透彻,人工感情也很难完全模拟,再加上个体化的差异,人们生活环境、表达情感的方法也不尽相同,因而这种解决方案难度很高。人们也对这种解决方案产生了质疑。

限制社交机器人的发展。这种解决方案更为直接,也是现阶段最为有效的方法,但如何进行限制就会成为下一个问题,即限制过多会导致拟人化不足,社交机器人的作用就会减小甚至出现增加人类负担的情况,如何把握限制的界限是需要专家学者进行解决的。同时,限制也要从法律道德层面进行约束,从而避免风险的产生。

分析了上述的两种限制方法,我们可以了解到现今的技术手段并不能彻底解决社交机器人因"拟人化"属性而产生的"欺骗"伦理问题。其原因主要在于人类与机器人之间的交互作用都是以"拟人化"逼真为前提的,只有人类人主观地与机器人进行沟通时,才能有伦理道德的产生。进而可以看出,社交机器人是一个充满矛盾的产物,一方面,它需要高度的"拟人化"来模拟人并与人交流;另一方面,它不能毫无底线地对人类进行"欺骗"。这两者的界限问题也是在采取限制方法时需要思考的。

4. 人类对于社交机器人伦理问题的解决方式

对于社交机器人可能带来的伦理问题的风险,人类无须过分的担忧。因为学者与专家们已经提出了风险化解的方案。

最有效且直接的方法就是从外部对社交机器人进行管理限制监督。目前全世界各地都在出台和制定针对各种人工智能伦理的相关法律文件,在初步实施阶段这些约束条文相对宽泛,几乎没有特殊说明针对社交机器人。而2017年在电气与电子工程师协会(IEEE)全球倡议上推出了《以伦理为基准的设计》——将人类福祉摆在优先位置的愿景。在该约束文件中就社交机器人伦理问题进行了讨论以及倡议。

①社交机器人亲密度相关内容的设计与部署,不应带有个人成见、性别种族歧视以及任何企图加剧人类苦难的行为。

②社交机器人亲密度系统设计对用户的心理操控应由用户自主操控,除非用户同意否则不应主动操控用户心理,其中任何操作都应依靠系统进行统一管理。

③避免用户使用关怀系统导致与社会隔离。

④社交机器人的设计必须公开,并在说明书中给予相关副作用的警示,包括干扰人类之间的作用方式、依赖关系等。

⑤社交机器人具有自主关怀性系统的,仍被视为机器人,不能承认其为有法律意识的人类个体,更不能被赋予人类身份进行售卖。

⑥社交机器人在进行设计时应与当地习俗和法律相互适应,不能脱离环境因素进行设计进而导致冲突发生。

以上这些讨论和倡议对于社交机器人的身份、自主意识、法律、心理风险等进行了限制,对社交机器人伦理原则和法律的制定都有较强的指导意义。

技能点3　人工智能的道德法则与社会问题

1. 人工智能道德法则

人工智能产业的高速发展,其理论与治理问题也备受各个行业的关注。新兴的技术会给现有社会伦理带来巨大冲击,这也是人工智能技术发展过程中必须要面临的问题。有关人工智能的道德法则也在不断升级和完善。

（1）机器人学三定律

最初人们对于机器人的概念还处于文学作品中,现实生活中并没有真正的有意识的智能机器人,机器人也没有统一的概念标准,而与机器人相关的道德准则更是众说纷纭,直至1950年末,作家阿西莫夫的小说《我,机器人》中出现了机器人,并且在小说中给出了机器人的三大法则。阿西莫夫开创了机器人的先河,也使得其他作者在创作科幻小说时沿用这三条定律。虽然是科幻小说但同样具有现实意义,后来很多人工智能和机器人领域的专家也认同这三条定律,随着技术的发展,这三条定律可能会成为未来机器人的安全准则。

定律一:机器人不得伤害人类个体,在遇到人类个体遭受危险时要挺身而出。

定律二:机器人在任何情况下必须服从人给予的命令,除非命令与定律一冲突。

定律三:机器人在不违反定律一和定律二的情况下要尽力保护自身的生存。

这"三定律"也为如今的机器人发展奠定了基础,作者阿西莫夫也因此获得"机器人学之父"的称谓。也因为"机器人三定律",机器人被创造出来为人们提供帮助,如图8-17所示。

图 8-17　机器人为人们提供帮助

（2）人工智能道德准则——可信赖人工智能的七个关键要素

人工智能不断发展已经取得了很多成果,但所有的技术都具有两面性,它在给人们带来益处的同时,也会有隐患。为此开发人员在进行人工智能技术的开发时,在确保人工智能系统在工作过程中不会违反道德规范,不会危及人类生命,对系统的安全性也要进行保护,以设计出可依赖的人工智能技术。作为开发人员需要关注以下几个关键因素。

①可靠性:在研发过程中,确保系统的安全性,人工智能的每一个操作都是可预见的,并且不会对人类安全造成威胁。

②隐私权:在人工智能开发中,会涉及用户数据信息,开发人员要确保个人信息安全,并且尊重隐私和保护数据,应该有适当的数据安全措施来保护用户数据并确保隐私。

③以人为本:人工智能系统应与人类价值观保持一致,尊重个人意见,以提高人类生活水平为重点。

④风险警觉:了解人工智能风险,在创建人工智能系统时调查相关应用环境,掌握具体风险,并进行风险测试。

⑤合规性:人工智能的所有设计都要灵活并且适应当地政府的法律法规,在法规和人工智能技术发生冲突时,要互相理解和沟通,以保证人工智能系统在合规的情况下达到最大限度的智能。

⑥问责制:在研发人工智能系统过程中,要保证人工监管和监控,在未来出现强人工智能也需要开启人工监控,并且确保监控内容不会遭到篡改,拥有最高权限,以便在紧急情况下终止服务,每个环节的责任要具体到个人。

⑦成本效益:人工智能的开发要计算成本开销,最终系统要应用于企业或者个人,应该确保价格合理,适当开发专有技术,以保证人工智能开发环境的向上趋势。

（3）中国发布人工智能道德准则

我国在人工智能道德准则方面也作出了很多贡献,2021 年 9 月 25 日,中国国家新一代人工智能治理专业委员会发布《新一代人工智能伦理规范》,旨在将伦理道德融入人工智能全生命周期,为从事人工智能相关活动的自然人、法人和其他相关机构等提供伦理指引,促进公平、公正、和谐、安全,避免偏见、歧视、隐私和信息泄露等问题。

该伦理道德规范明确提出,人工智能的研发必须增进改善人类生活,在确保人身安全、隐私安全的情况下,促进社会公平公正,强化责任担当、确保可信可控、提升伦理素养。

　　该伦理道德规范提出包括管理、研发、供应和使用共 18 项具体要求:管理规范包含推动敏捷治理、积极实践示范、正确行权用权、加强风险防范、促进包容开放;研发规范包含强化自律意识、提升数据质量、增强安全透明、避免偏见歧视;供应规范包括尊重市场规则、加强质量管控、保障用户权益、强化应急保障;使用规范包含提倡善意使用、避免误用滥用、禁止违规恶用、及时主动反馈、提高使用能力。在加强风险防范方面,需增强底线思维和风险意识,加强人工智能发展的潜在风险研判,及时开展系统的风险监测和评估,建立有效的风险预警机制,提升人工智能伦理风险管控和处置能力。在保障用户权益方面,在用户使用人工智能产品前应明确告知具体风险,标识人工智能产品与服务的局限性,保障用户知情权,给予用户平等使用人工智能产品的权利。

2. 人工智能技术引发的社会问题

　　人工智能技术在给人类社会带来种种便利的同时,也衍生出一系列的社会问题,包括经济、就业、安全、责任、公平等问题,这些问题不仅是各国政府需要预防和规范的,还需要其他所有人认真思考并妥善对待。

　　(1)经济与就业

　　这类问题是由于人工智能技术的普遍应用导致的。在制造业领域,各种人工智能机器人不断地被应用在生产线上,未来机器人将会变得越来越智能、自主,并且互动性会更强,能够配合人类作出更加复杂的决定。同时那些简单重复型、劳动密集型的工作可通过深度学习等人工智能技术完成,这也导致了相关就业人士的失业。在这种情况下,人工智能机器人会对社会经济带来怎样的影响,机器人能否完全取代工人,政府和相关部门又要做出怎样的决策来应对,人们又要怎么正视机器人以及各种人工智能机器人给就业和工作带来的危机?就目前为止,世界上主要的发达国家和我国政府部门已经开始研究相关的政策,在鼓励人工智能发展的同时,也会预防由于人工智能技术普及造成失业等社会问题的发生,如图8-18 所示。

图 8-18　人工智能机器人参与人类工作

（2）责任与安全

长久以来任何技术的出现，其责任与安全问题都是重中之重。人工智能技术如果应用妥当确实会更加高效、精准和科学，也会让人类对人工智能产生依赖。但是前提是在规范和正确的使用下。如果没有遵守相应的政策或错误地使用，就会产生相反的结果，影响社会的生产和秩序，甚至引发社会恐慌。

例如，2016年3月，微软在推特平台上发布了人工智能聊天机器人"Tay"，并将其描述为一项有关"对话理解"的实验。微软给这个聊天机器人设计了一个少女的形象，结合使用机器学习和自然语言处理，通过推特与用户进行互动。使用匿名的公共数据和预先编写的一些材料输入到机器人中，然后让"Tay"从社交网络上的互动信息中进行自我学习和自我发展。这是一个典型的人工智能产品，但是由于有人恶意向"Tay"发起与种族主义相关的评论内容，导致"Tay"迅速地从这些不良信息中学习，并把它们整合到自己的推文中，于是散播了大量充斥着恶劣内容的推文。如图8-19所示。

图 8-19　聊天机器人"Tay"

人工智能的安全问题也是不容忽视的，由于目前的人工智能均是以深度学习为基础的，互联网与人工智能技术都可能由于本身存在漏洞而遭受病毒和黑客的攻击，造成重大的安全隐患。而现实生活中，大多数的摄像头也容易被控制、监控。相应而来的就是责任问题，当用户权益受到的影响是由于人工智能漏洞导致的，那么应该由谁来承担责任？所以人工智能的使用在带来安全问题的同时也会产生责任鸿沟。

（3）公平

这类问题主要是由于人工智能技术的占有和拥有程度导致的。在将来人工智能技术将不断发展，而研究该项技术的公司和企业就会建立起资源优势和地位优势，占据更多的社会资源和财富，而没有该项技术的公司和企业则会陷于被动，造成社会公平的失衡。此外各项外接设备以及新兴设备都会加强人类自身，例如混合智能的人脑接口或是穿戴机械骨骼，这些设备能够提升人体，轻而易举地完成普通人类无法完成的事情，就会产生"强化人"和"无强化人"，虽然这种情况只在当今科幻小说或影视剧中出现过，但也不是天方夜谭。这些设想都给人们以警示，飞速提升的人工智能技术是否能够应对社会公平性发展。人工智能穿戴型机械外骨骼，如图8-20所示。

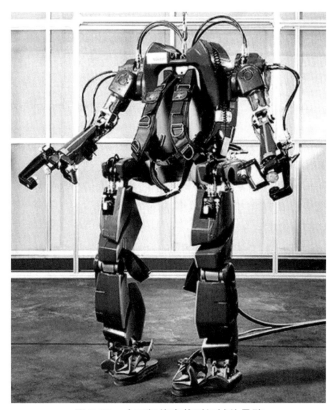

图 8-20　人工智能穿戴型机械外骨骼

3. 我国对于人工智能道德法则的探究

我国对于人工智能在道德方面提出了很多意见并做出突出贡献,在 2022 年 4 月 25 日,中国发展研究基金会举办的《人工智能时代的伦理:关系视角的审视》报告发布会在线上举办,从关系论视角出发,对人类智能、社会与伦理进行概述,解读关系论下研究人工智能伦理问题,同时从市场经济、家庭、一般社会、国家和社会、国际关系、人与自然六方面分析人工智能的伦理影响,并在此基础上提出面向未来人工智能伦理发展的建议。

该报告指出,人工智能的不断发展提高了社会经济生活的整体水平,促进了弱势群体的社会参与,扩展了人的机会空间和自由,促进了经济的繁荣,减少了绝对贫困和剥夺,这些可以视为伦理增益。但是,人工智能的使用也可能会带来一系列伦理风险和挑战,包括失控风险、恶意使用、适应性风险、认知风险等,这些风险在不同的领域有不同的表现。

在市场经济方面,人工智能在改善工作环境、促进人力资本积累和经济繁荣等方面有积极作用,但同时也存在垄断、过度榨取消费者剩余、劳动力替代、阶层分化和固化等问题,并有可能影响市场经济中的雇佣关系、竞争关系、合作模式以及相关的伦理规范。

在家庭关系方面,人工智能的出现可以缓和家庭关系,一些家庭成员可从重复性的工作中解放出来,能够着手于其他事情,疏通家庭成员之间的关系。

随着人工智能的不断发展,在未来会出现人工智能扮演家庭成员角色的需求,例如人工智能伴侣、人工智能陪护等,面对不断变化的社会需求,社交类型的人工智能机器人需求会增多,这就需要规范伦理道德关系,出台法律法规防止身份关系因人工智能的出现而混乱。

在社会关系方面,人工智能普及后,会在一些场景重塑组织性互动,例如在学校教学过程中所产生的教学理念、教学内容、教学方式等会发生变化。

在一般非组织性的社会活动方面,由于人工智能以及数据信息环境的改变,社会不容易在真知和真相上达成共识,人工智能的决策也容易推送更加符合人们需求的信息内容,给人们他们"想看到的"信息,而这一部分信息的真实性却不能保证,更容易使人们进入"信息茧房"。

在国家和社会层面,人工智能可以被广泛运用到公共管理方面,以方便进行公共资源的调度,使国家治理变得更加公平、公正、透明、负责、高效,促进国家和谐发展。

在国际关系层面,世界各国都大力发展人工智能技术,已经成为大国竞争的重要领域。在军事领域方面,人工智能可能会引发军事战略的根本性变革。例如智能武器的开发、部署、人工智能介入军事决策系统。

在人与自然关系方面,人工智能可提高资源的利用效率,减少对环境的过度开发,依靠大量数据的计算,可对未来环境变化做出预测并给出意见,以便更好地顺应自然发展。

在报告发布会上,北京大学哲学系教授何怀宏指出人工智能是一种区别于传统人造物的机器,人工智能很有潜力,其能力对人类而言还有很多未被发掘的部分,人们应该进一步思考人类和人工智能的关系,思考怎样发展人工智能,人工智能如何给人类赋能,如何深入具体地将人工智能运用到各个领域。

中国社会科学院哲学所科技哲学研究员、中国社会科学院科学技术和社会研究中心主任段伟文探讨了人工智能伦理治理的主体问题。他指出,当前人工智能领域的研发和伦理规范主要是以个体科技公司为主导,政府部门参与不多,这也导致了相关政策延后,政府部门应该积极参与人工智能领域的伦理治理中,深入学习人工智能知识,扮演积极的角色,以便灵活地进行伦理治理。

暨南大学教授、海国图智研究院院长陈定定认为当前社会的主要问题是伦理规范泛滥和冲突,应该建立一个通用的、全面的人工智能伦理规范。

武汉大学计算机学院教授、卓尔智联研究院执行院长蔡恒进指出,人工智能在未来会有重大突破,元宇宙和 Web3.0 可以看作人工智能的重要进展。在 Web3.0 时代,个体、企业、国家将会成为机器节点并融合为超级智能,这有可能会对社会伦理关系产生影响。

北京大学法学院副教授、北京大学法律人工智能研究中心副主任江溯指出,人工智能技术被广泛使用,社会可能会慢慢变成"全景敞视监狱",个人自由空间可能会被压缩,人们的个人信息、隐私问题都会被讨论。因此,不仅要在法律领域探讨相关问题,还要研判人工智能应用的法律限度并加以约束。

人工智能可以依靠大量的数据训练,使机器拥有辨别人类情感的能力,人工智能情感分析如图 8-21 所示。

人工智能哲学与
思考任务实施

〖功能体验〗

请输入一段需要分析的文本：换一个示例

我觉得挺感动。她是一个那么坚强的人，独自一个人撑起了整个家庭。

体验版最多100字

情感分析结果　　😊　褒义

图 8-21　情感分析功能体验

开发人员可以依据数据集，对其进行数据标注，标注完成之后让机器进行学习分辨感情，将标记结果与机器判别结果进行比对，在大量的数据训练下，机器就拥有了"感情"。应用百度 AI 开发平台，自行研制情感分析功能。

第一步，登录百度 AI 开发平台，使用 EasyDL- 情感倾向分析。如图 8-22 所示。

图 8-22　EasyDL- 情感倾向分析

第二步，创建模型，输入模型名称、邮箱地址、联系方式、业务描述等。例如输入模型名称为"情感倾向分析测试 demo"，如图 8-23、8-24 所示。

图 8-23　创建模型

图 8-24　我的模型

　　第三步，创建模型完成后，需要对其进行训练，在训练之前需要进行数据集的创建。如图 8-25 所示。

图 8-25　训练模型

　　第四步，创建数据集，输入名称。例如"测试数据集 1"，如图 8-26 所示。

图 8-26　创建数据集

第五步,查看对应的数据集,并上传数据,例如上传电影评论数据,如图 8-27 所示。上传效果如图 8-28 所示。

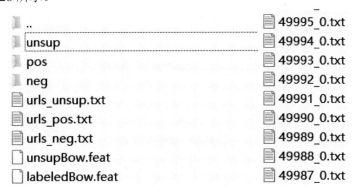

图 8-27　数据集内容

图 8-28　上传数据集

第六步,上传完成,可以看到标注状态、清洗状态等,如图 8-29 所示。

图 8-29　数据集状态

第七步,需要对数据集内容进行标注,人为判断这段电影评论的情感倾向,并对文本进行标注,标注得越准确,训练的人工智能也会判断得越准确,数据集越大,训练的效果也就越好。如图 8-30 所示。

图 8-30　数据标注

第八步,在标注数据之后(每个标签至少标注 100 个数据),可进行模型训练,设置数据集,算法方式、环境等,点击"开始训练"。如图 8-31 所示。

图 8-31　训练模型配置

第九步,开始模拟训练,需等待训练完成。如图 8-32 所示。

图 8-32　训练模型

第十步,训练完成后可看到准确率、F1-score(类别权重)、精确率、召回率等。如图 8-33所示。

图 8-33　模型训练评估报告

　　第十一步,模型训练完成之后,可进行模型的发布,百度 AI 平台提供了接口地址,可根据地址来访问该模型,达到获取情感数据分析的效果,完成一个人工智能情感倾向分析工具。发布模型如图 8-34 所示。

　　由此可见人工智能能否分辨真正的情感仍需要人类提供正确的判断,若给出错误的情感判断,那么带来的结果也是不准确的,所以人工智能伦理与道德问题仍需要进一步规范。不准确的情感分析往往会带来严重的后果,就像前文中提到的"Tay"一样。这些真实的案例警示人们:人工智能的学习速度远超人类,能否用好人工智能,还需要人们在更多方面对其给予规范。

图 8-34　发布模型

本次任务讲解了如何创建情感倾向分析模型、上传数据集进行数据标注,以完成对人工智能模型的训练任务。通过本次任务学习,掌握了如何创造简单的模型、查看训练报告、上传已训练模型;了解了训练模型的完成度决定了未来使用该模型的效果,训练数据的错误会使应用效果大打折扣甚至出现事故,因此要谨慎处理训练数据。

Emotion	情感	Simulation	模拟
Ethics	道德准则	Employment	工作
Territory	领域	Negative	消极的
Positive	积极的	Model	模型
Ethic	伦理	Difference	差异

一、选择题

1. 下列有关弱人工智能的说法正确的是(　　)。

A. 弱人工智能是指不能制造出真正能够推理和解决问题的智能机器

B. 弱人工智能拥有自主意识,只不过远没有达到人类的程度

C. 弱人工智能擅长多方面工作

D. 如今生活中的人工智能大多不属于弱人工智能

2. 下列关于弱人工智能伦理问题的说法错误的是(　　)。

A. 现今的人工智能机器并不能完全理解人类的道德准则,因此会错误地学习一些知识,造成极大的影响。

B. 人工智能合成人脸、合成语音等技术都有可能被不法分子用来进行诈骗

C. 可通过技术限制措施、法律政策和教育手段来解决全部弱人工智能伦理道德问题

D. 弱人工智能并不具备完全人类的智慧,而这部分"智慧"也是人赋予的

3. 下列关于人与人工智能机器关系的说法错误的是(　　)。

A. 智能机器只是人们为了提高劳动效率的一种工具

B. 机器只是人的本质力量的对象化

C. 人工智能具有效率高、记忆力强、出错率低等人类无可比拟的优势

D. 人类的效率、记忆力、正确率都不如人工智能,因此在人工智能机器研发成功后可以全面依靠人工智能机器

4. 下列有关于社交机器人伦理问题的讨论以及倡议的说法正确是(　　　)。

A. 对于亲密系统的设计以及部署,不应带有成见、性别或者种族的歧视或者有加剧人类苦难的企图

B. 对于亲密系统的设计不得添加对系统用户的心理操控,任何操作都应通过选择性加入系统进行统一管理

C. 对于关怀式的自主智能系统的设计应避免用户与社会的隔离,除非用户自愿且强制自我与社会隔离

D. 关于个人形象的现行法律需要从关怀式自主智能系统方面进行重新审议,无须与当地法律和习俗相适应

5. 下列有关机器人学三大法则的说法错误的是(　　　)。

A. 机器人不得伤害人类个体,或者目睹人类个体将遭受危险而袖手旁观

B. 机器人必须服从人给予它的命令,当该命令与第一定律冲突时除外

C. 机器人服从人类指令时,应首先保障自身安全

D. 机器人在不违反第一、第二定律的情况下要尽可能保护自己

二、填空题

1. 强人工智能不再仅仅 ＿＿＿＿＿＿ 人类的低等级行为,而是能够推理和解决问题的智能机器。

2. 当今人工智能技术还不成熟,大部分人工智能还处于 ＿＿＿＿＿＿＿ 阶段。

3. 美国斯坦福大学在 ＿＿＿＿＿＿＿ 年发布了《2030 年的人工智能与人类生活》研究报告。

4. 社交机器人的重点在于 ＿＿＿＿＿＿＿。

5.《我,机器人》中出现了机器人,并且在小说中给出了 ＿＿＿＿＿＿＿＿。

三、简答题

1. 关于人工智能道德准则,可信赖人工智能的七个关键要素都是什么?

2. 社交机器人有几种特征,分别是什么?